地下管线BIM建模技术

主　编　朱艳峰

副主编　黄晓佳　　胡　绕

参　编　张雪松　吴　锋　凌　敏

　　　　张　泓　金季岚　田学军

　　　　张秋艳　林佩强

北京理工大学出版社
BEIJING INSTITUTE OF TECHNOLOGY PRESS

内 容 提 要

本书为适应行业发展对地下管线BIM技术应用型人才的需要组织编写，全书共分九个项目，包括：地下管线BIM建模技术基础、Revit软件及基本操作、项目建模准备、创建项目地表BIM模型、地下管线BIM建模、地下管线BIM模型分类编码、项目协作方式、项目模型综合应用、BIM成果软件及交付等内容。

本书可作为应用型本科、高等职业院校市政管网智能检测与维护、市政工程技术、工程测量技术、道路与桥梁工程技术及摄影测量与遥感技术等专业的教材，也可作为中等职业院校相关专业师生及地下管线行业从业人员培训用书，还可供相关技术人员参考使用。

图书在版编目（CIP）数据

地下管线BIM建模技术 / 朱艳峰主编. -- 北京：北京理工大学出版社，2023.6
　ISBN 978-7-5763-2505-8

　Ⅰ.①地… Ⅱ.①朱… Ⅲ.①地下管道－建筑设计－计算机辅助设计－应用软件 Ⅳ.①TU990.3-39

中国国家版本馆CIP数据核字（2023）第113361号

出版发行 / 北京理工大学出版社有限责任公司	
社　　址 / 北京市丰台区四合庄路6号院	
邮　　编 / 100070	
电　　话 / （010）68914775（总编室）	
（010）82562903（教材售后服务热线）	
（010）68944723（其他图书服务热线）	
网　　址 / http://www.bitpress.com.cn	
经　　销 / 全国各地新华书店	
印　　刷 / 河北鑫彩博图印刷有限公司	
开　　本 / 787毫米×1092毫米　1/16	
印　　张 / 12	责任编辑 / 钟　博
字　　数 / 285千字	文案编辑 / 钟　博
版　　次 / 2023年6月第1版　2023年6月第1次印刷	责任校对 / 周瑞红
定　　价 / 78.00元	责任印制 / 王美丽

前　言

　　地下管线是城市赖以生存和发展的物质基础，是城市基础设施的重要组成部分，是发挥城市功能、确保社会经济和城市建设健康、协调和可持续发展的重要基础和保障。

　　党的二十大报告指出："坚持人民城市人民建、人民城市为人民，提高城市规划、建设、治理水平，加快转变超大特大城市发展方式，实施城市更新行动，加强城市基础设施建设，打造宜居、韧性、智慧城市。""优化基础设施布局、结构、功能和系统集成，构建现代化基础设施体系。"

　　我国城市地下管线行业作为一个跨行业、跨部门、多学科的新兴行业，自20世纪90年代起步以来，经过三十多年的快速发展，正从传统期转型进入成长发展期。随着我国经济社会发展，基于城市现代化管理和信息化建设的客观需要，地下管线行业对精益建造和信息化运维的要求也越来越高，以数字化、信息化为核心的建筑信息模型（BIM）技术在城市地下管线全生命周期中的应用具有其自身特殊性和必要性。为深化职业教育改革，实现职业教育的高质量发展，推进产教融合、科教融汇，坚持为党育人、为国育才，深入贯彻二十大报告指出的努力培养大国工匠、高技能人才要求，本书考虑地下管线BIM技术应用人员应具备的有关专业知识、基本技能的要求及实际工作需要，紧密结合职业院校学生学习特点及本课程学习目标，引入地下管线BIM建模的新规范、新技术（软件二次开发技术）、新方法（可视化编程方法等），按照"以就业为导向、以培养综合职业能力为本位、以岗位需要为依据"的思路，强化职业性、实用性和可操作性。

　　本书由广州番禺职业技术学院朱艳峰担任主编，广州番禺职业技术学院黄晓佳、上海勘察设计研究院（集团）有限公司胡绕担任副主编。广州番禺职业技术学院张雪松，上海勘察设计研究院（集团）有限公司吴锋，上海建设管理职业技术学院凌敏，厦门海迈科技股份有限公司张泓、金季岚，中勘地球物理有限责任公司（中国冶金地质总局地球物理勘查院）田学军，广州兴禺工程技术有限公司张秋艳、林佩强等参与编写。

　　本书配套开发了教学PPT课件、线上教学视频、案例库、课后习题参考答案、延伸阅读资料等与教学配套的教学资源，读者可通过访问链接：https://pan.baidu.com/s/1eUbSn4bSv87ehrWqa_1Uqg?pwd=6emm（提取码：6emm），或扫描右侧的二维码进行下载，期望能对读者更好地使用本教材及理解和掌握相关知识有所帮助。

本书在编写过程中，引用了相关的技术操作规程及标准、相关书籍及文献，在此谨向有关作者和单位表示感谢。

　　由于编者水平有限，加之时间仓促，书中难免存在疏漏之处，敬请广大读者批评指正，以便不断修订完善。

编　者

目 录

项目 1
地下管线 BIM 建模技术基础

教学要求

知识要点	能力要求	权重
地下管线与地下管线 BIM 模型的概念	掌握《建筑信息模型应用统一标准》(GB/T 51212—2016)对 BIM 概念的阐述；掌握地下管线及地下管线 BIM 模型的概念及相关专业术语，并能对各概念进行清晰的阐述	50%
建筑信息模型(BIM)发展历史趋势	了解建筑信息模型的发展与趋势；熟悉 BIM 相关政策与标准要求；掌握 BIM 相关政策标准、法律法规查阅的途径	15%
BIM 特点、价值与 BIM 工程师职业发展规划	了解 BIM 的特点、优势和价值；初步进行职业生涯规划	20%
BIM 软件、硬件配置	了解 BIM 软件的定义及分类标准；了解 BIM 软件实施的硬件环境配置；能够根据 BIM 工作要求，准确配置软件及所需硬件	15%

任务描述

　　城市地下管线已形成一个跨行业、跨部门、跨专业、多学科、相对独立的新兴行业，自 20 世纪 90 年代起步以来，经近三十年的快速发展，已经从传统期、转型期、新行业形成期进入成长发展期。围绕城市地下管线规划、建设、管理等方面已全面进入信息化建设阶段。

　　地下管线与 BIM 的基础知识是地下管线 BIM 建模技术及 BIM 模型应用的预备性基础理论知识。城市地下管线包含给水、排水、燃气、热力、电力、电信、工业和综合管沟（廊）八大类管线及其附属设施，是一个巨大的资源网络体系。在城市不断进步、规模不断扩大的情况下，地下管线也变得更加错综复杂，其规划施工、运行管理、突发事件应急等相关问题也更加突出。建筑信息模型(BIM)技术有可视化、模拟化、参数化等独有优势，且在对庞大、复杂信息的管理及分析方面具有得天独厚的优势，其将在城市地下管线规划、建设、管理等方面全面进入信息化建设阶段扮演重要的角色。

(1)掌握地下管线的概念。

(2)掌握建筑信息模型(BIM)及其他与地下管线 BIM 相关的专业术语。

(3)了解建筑信息模型(BIM)的发展与趋势,熟悉 BIM 相关政策与标准要求。

(4)掌握 BIM 软件的定义、其按功能特点分类的方法,BIM 技术的特点、优势和价值。

(5)了解 BIM 技术实施的硬件环境配置。

(6)了解 BIM 工程师的职业发展规划。

典型工作任务

根据 BIM 工作要求,准确配置对应的软件及所需硬件。

案例引入

上海某地铁沿线地下管线及构筑物 BIM 建模

在轨道交通建设中,车站施工影响范围的原有地下市政综合管线迁改是一项系统性工作,影响面广,流程复杂,涉及前期地下管线物探、搬迁范围确定、迁改费用统计预算、迁改方案设计等多个环节,加之地下管线种类繁多、分布错综复杂、权属单位各异,涉及物探、设计、施工、管线权属等多家单位,管线迁改工作量大、难度高、周期长。上海某地铁沿线建设过程中为实现全生命周期信息共享和传递,需要采用 BIM 技术实现前期规划、物探勘察、设计、施工到运维的全过程管理及多专业全流程信息协同与系统集成,建立统一的地上建筑物及地下市政基础设施信息模型,为工程建设与管理提供数据和技术支撑。地铁沿线长度近 10 km,需建模的地下管线总长度超过 130 km,沿线包含既有桥梁、建筑物、隧道、驳岸等各类地下基础,地下管线与地下基础设施纵横交错,空间排布复杂。上海岩土工程勘察设计研究院有限公司对车站施工影响范围内探明的各类地下管线、构筑物、建筑物基础及拟建车站结构进行了 BIM 建模,清晰展示了管线和构筑物桩基础的空间排布及位置关系,为设计、施工及管理提供了更为真实的三维视图,有效指导了工程设计与施工,实现了地铁建设从前期物探、设计到施工的全流程管控。地铁沿线隧道段地下管线及构筑物 BIM 模型如图 1-1 所示。

图 1-1 地铁沿线隧道段地下管线及构筑物 BIM 模型

1.1 地下管线概述

1.1.1 地下管线基本知识

地下管线是指城市给水、排水、燃气、热力、电力、电信、工业和综合管沟(廊)八大类管线及其附属设施，是一个巨大的资源网络体系，日夜担负着传送信息、输送能量和废物排泄的任务，为经济发展和市民生活提供了基础和保障，被称为城市的"生命线"。其具有隐蔽性、复杂性、多元性和动态性的特点。图1-2所示为地下管线分类。

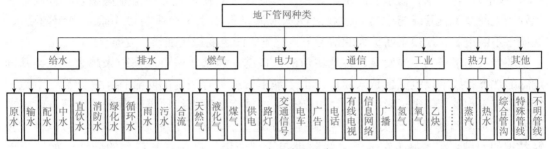

图1-2　地下管线分类

给水管道主要为城市输送生活用水、生产用水、消防用水和市政绿化等用水，包括输水管渠和配水管网；排水管道主要是收集并处理城市中的生活污水、工业废水和雨水，一般可分为污水管道、雨水管道、合流管道；燃气管道主要是将燃气输送分配到各用户，供用户使用，包括输气管网和配气管网；热力管道是将热源中产生的热水或蒸汽输送分配到各用户，供其取暖使用，一般可分为热水管道和蒸汽管道；电力电缆主要为城市输送电能，按其功能可分为动力电缆、照明电缆、电车电缆等；电信电缆主要为城市传送信息，包括市话电缆、长话电缆、光纤电缆、广播电缆、电视电缆、军队及铁路专用通信电缆等。城市综合管沟又称共同沟，是指将设置在地面、地下或架空的各类公用管线集中容纳于一体，并留有供检修人员行走通道的隧道结构，即在城市地下建造一个隧道空间将市政、电力、通信、热力、给水、排水等各种管线集于一体，设有专用的检修口、吊装口和监测系统，实施统一规划、设计、建设和管理。

根据中华人民共和国住房与城乡建设部发布的最新统计数据：截至2020年年底，包括城市供水、排水、燃气、供热等在内的我国城市管道长度约310万km，城市管道增量29.92万km。图1-3所示为城市地下管线历年长度统计。

图1-3　城市地下管线历年长度统计

敷设在地下的管线可分为直埋、保护管和管沟等形式。在建设工程管线时，应当根据工程管线的性质和需要埋设的深度来确定管线的设置次序。工程管线从道路红线向道路中心线方向平行布置的次序宜为电力、通信、给水(配水)、燃气(配气)、热力、燃气(输气)、给水(输水)、再生水、污水、雨水，各种工程管线不应在垂直方向上重叠敷设，同时，工程管线之间及工程管线与建(构)筑物之间均应满足最小水平净距与最小垂直净距的要求。在城市不断进步、规模不断扩大的情况下，地下管线也变得更加错综复杂。

随着我国经济的不断发展，各地城市的人口越来越多，城市规模越来越大，公共基础设施的地下管线铺设范围也越来越广。由于地下管线具有一定的隐蔽性、复杂性，给地下管线的施工和管理带来了诸多挑战，复杂庞大的城市地下管线使得经营者的经营难度越来越大。我国城市建设管理长期以来普遍存在重地上、轻地下，重审批、轻监管，重建设、轻养护的问题，很多城市在地下管线建设与管理中仍然存在着一系列的问题，如缺乏统一管理和科学规划，管线情况复杂、家底不清，管线数据分散、缺乏信息共享，地下管线超负荷运行等导致城市地下管线出现"管线打架""道路坍塌""停水断电""火灾爆炸"等问题，严重影响居民的日常生活及社会经济的发展。随着5G时代的到来，智慧管网的建设将是有效的解决途径，即利用"智慧化"手段，了解管线的属性、数量、位置、运行状态等，将地下不易看到的管线变成数字化、虚拟化、可视化的系统，并对其实现全生命周期的管控。

充分利用城市地下空间，掌握地下管线的现状，管理好地下管线的各种信息资料，构建城市地下管线管理系统是城市规划建设和可持续发展的需要，也是有效应对与地下管线有关的突发灾害的保证。

1.1.2　地下管线BIM模型的概念

建筑信息模型(BIM)技术具有可视化、模拟化、参数化等优势，且在对庞大、复杂信息的管理及分析方面具有得天独厚的优势。BIM技术作为对包括工程建设行业在内的多行业的工程流程、工作方法的一次重大思索和变更，被越来越多的行业、企业认识、重视和应用。BIM模型的建立是一切BIM应用的基础，地下管线BIM模型(BIM Model of Underground Pipeline)是指以三维图形和数据库信息集成技术为基础，创建并利用空间数据和属性数据对地下管线的空间、物理和功能特性的信息集合。

城市地下管线的信息化建设是城市管理的一项重点工作。在城市不断进步、规模不断扩大的情况下，充分发挥BIM技术在数据模型建立、属性数据管理、三维可视化表达及协同作业等方面的优势，可为城市地下管网管理系统提供更加全面、直观、可靠的地下管线数据支持，更好地解决地下管线及构筑物信息模型应用的实际问题，实现各类管线的协同管理，保证地下管线的正常运行。

📖 知识拓展

城市地下管线信息是指在城市规划区范围内，埋设在城市主干路、次干路、支路、社区道路，以及城市广场等区域地下管线的走向、空间位置、基本属性及其附属物等信息，是城市地下空间规划设计、城市建设、城市管理、城市应急救援和防灾减灾、地下管线运行维护的基础。

1.2 BIM 概述

1.2.1 BIM 简史与发展

1. BIM 的概念

BIM 是 Building Information Modeling 的缩写，中文译为"建筑信息模型"。2016 年 12 月 2 日，中华人民共和国住房和城乡建设部发布国家标准《建筑信息模型应用统一标准》（GB/T 51212—2016），其对建筑信息模型（BIM）定义为 Building Information Modeling，Building Information Model。BIM 是指在建设工程及设施全生命周期内，对其物理和功能特性进行数字化表达，并依此设计、施工、运营的过程和结果的总称。BIM 全生命周期应用示意如图 1-4 所示。

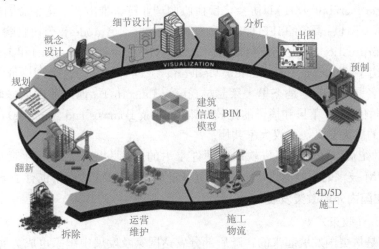

图 1-4 BIM 全生命周期应用示意

📖 **知识拓展**

BIM 可以指代 Building Information Model、Building Information Modeling、Building Information Management 三个相互独立又彼此关联的概念。

（1）Building Information Model，是建设工程及其设施的物理和功能特性的数字化表达，可以作为该工程项目相关信息的共享知识资源，为项目全生命周期内的各种决策提供可靠的信息支持。

（2）Building Information Modeling，是创建和利用工程项目数据在其全生命周期内进行设计、施工和运营的业务过程，允许所有项目相关方通过不同技术平台之间的数据互用在同一时间利用相同的信息。

（3）Building Information Management，是使用模型内的信息支持工程项目全生命周期信息共享的业务流程的组织和控制，其效益包括集中和可视化沟通、更早进行多方案比较、可持续性分析、高效设计、多专业集成、施工现场控制、竣工资料记录等。

2. BIM 的产生

采用信息化手段来描述建筑物的思想起源于美国佐治亚理工学院的查克·伊斯曼(Chuck Eastman)教授，故其被称为"BIM 之父"。1975 年，查克·伊斯曼(Chuck Eastman)教授在其研究的课题"建筑描述系统(Building Description System)"中提出了"基于计算机描述的建筑(a computer - based description of a building)"，以便实现建筑工程的可视化和量化分析，提高工程建设效率。

1986 年，任职于著名的 RUCAPS(Really Universal Computer Aided Production System)软件系统开发商 GMW 计算机公司的罗伯特·艾什(Robert Aish)在其发表的一篇论文中，第一次使用了"Building Information Modeling"一词。他在这篇论文中描述了今天我们所了解的 BIM 论点和实施的相关技术，并在该论文中应用 RUCAPS 建筑模型系统分析了一个案例。

1994 年，以 Autodesk 公司为首的 12 家美国公司创立了国际数据互用联盟(International Alliance of Interoperability，IAI)协会，旨在协调产业链，推出一个全生命周期和全产业链所需要的标准，即日后著名的 IFC 标准。2002 年上半年，Autodesk 公司收购了 RTC(Revit Technology Corproation)，副总裁利普·伯恩斯坦(Philip G. Bernstein)和杰伊·巴特(Jay Bhatt)首次提出了"Building Information Modeling"一词。而推动这个词语成为专业领域共同认可的技术名词术语的，是杰里·莱瑟林(Jerry Laiserin)。他向业内众多软件商和专业组织发送了一封信——《苹果和橘子的比较》(Comparing Pommes and Naranjas)，介绍了 BIM 所代表的事物的重大意义，建议大家共用。

进入 21 世纪后，随着计算机软件和硬件水平的迅速发展及对建筑生命周期的深入理解，推动了 BIM 技术的不断前进，人们对 BIM 的研究和 BIM 的应用也有了突破性进展。

3. BIM 在国内外的政策发展

(1)国外 BIM 政策发展。

BIM 最早是从美国发展起来的，随后部分发达国家及发展中国家也成为研究 BIM 的一分子。美国总务署(General Service Administration，GSA)负责美国所有联邦设施的建造和运营国外 BIM 政策。2003 年，为了提高建筑领域的生产效率，提高建筑行业信息化水平，GSA 推出了国家 3D-4D-BIM 计划，鼓励所有 GSA 负责的项目采用 3D-4D-BIM 技术，并给予不同程度的资金资助。2009 年 7 月，美国威斯康星州成为第一个要求州内新建大型公共建筑项目使用 BIM 的州政府。威斯康星州国家设施部门发布实施规则，要求从 2009 年 7 月开始，预算在 500 万美元以上的州内公共建筑项目必须从设计阶段就应用 BIM 技术。美国陆军工程兵团(the U. S. Army Corps of Engineers，USACE)于 2006 年 10 月初发布了为期 15 年的 BIM 发展路线规划，为 USACE 采用和实施 BIM 技术制定战略规划，以提高规划、设计和施工质量和效率。在规划中，USACE 承诺未来所有军事建筑项目都将使用 BIM 技术。

buildingSMART 联盟(buildingSMART alliance，bSa)，成立于 2007 年，其下属的美国国家 BIM 标准项目委员会专门负责美国国家 BIM 标准的研究和制定。

在 2017 年 5 月，俄罗斯政府建筑合同开始包含应用 BIM 技术的条款，到 2019 年，俄罗斯要求政府工程中的参建方均采用 BIM 技术。

如今随着全球化进程的发展，大部分国家已经陆陆续续引进 BIM 技术，并在建设项目上充分利用 BIM 技术，如日本、土耳其、韩国、新加坡等，目前这些国家的 BIM 发展和应用都达到了一定水平。

（2）国内 BIM 政策发展。

1）起步与介入。2003 年，建设部发布《2003—2008 年全国建筑业信息化发展规划纲要》，明确建筑业信息化的内容：建筑业信息化基础建设、电子政务建设和建筑企业信息化建设。"十五"期间，建设部颁布了《建设领域信息化工作基本要点》，组织"建筑业信息化关键技术研究"等科技攻关项目。

2）初步探索并推动。"十一五"期间开展对 BIM 技术的研究，主要涉及"建筑业信息化标准体系及关标准研究"与"基于 BIM 技术的下一代建筑工程应用软件研究"（基于 BIM 技术的成本预测、节能设计、建筑设计、施工安全及施工优化等软件的开放）两个课题，在标准的引进转化、工具软件的开发商建立良好的工作基础。

基于"十一五"课题成果建设部 2007 年颁布《建筑对象数字化定义》建筑工业行业产品标准。

3）政府引导与支持。2011 年，中华人民共和国住房和城乡建设部颁布《2011—2015 年建筑业信息化发展纲要》，明确将"加快建筑信息模型标准（BIM）、基于网络的协同工作等新技术在工程中应用，推动信息化标准建设，促进具有自主知识产权的产业化，一批信息技术应用达到国际先进水平的建筑企业"列入总体目标。2012 年，中华人民共和国住房和城乡建设部正式启动 BIM 国家标准的编制工作，分别是《建筑工程设计信息模型交付标准》《建筑工程设计信息模型分类和编码》《建筑工程信息模型应用统一标准》和《建筑工程信息模型存储标准》《建筑工业工程设计信息模型应用标准》。

4）全面推进。中华人民共和国住房和城乡建设部发布《关于推进建筑业发展和改革的若干意见》（2014 年）后，各地区积极响应，出台政策。如：广东省 2018 年发布了广东省地方标准《广东省建筑信息模型应用统一标准》（DBJ/T 15-142-2018）。2019 年国家标准《绿色建筑评价标准》（GB/T 50378—2019）将 BIM 纳入创新加分项，使 BIM 技术与绿色建筑紧密结合，借助绿色建筑发展平台进一步得到推广。

5）未来发展规划。"十四五"期间，建筑业将与更多元素相结合，其中包含"建筑业＋互联网＋数字化"。在国家大力推动新基本建设的背景下，建筑企业必须积极探索"互联网＋"形势下的管理、生产新模式，深入研究大数据、人工智能、BIM、物联网等技术的创新应用，创新商业模式，增强核心竞争力，实现跨越式发展。

自 BIM 走进中国市场以来，BIM 的研究在建筑行业受到了高度重视，工程项目上应用更是比比皆是，取得了巨大的应用价值。目前，在我国 BIM 主要集中应用于设计、施工阶段。如：中国第一高楼上海中心、北京第一高楼中国尊、华中第一高楼武汉中心等。随着建设单位和运营单位对 BIM 认识的逐步深入，万达、龙湖等大型房地立商也在积极探索应用 BIM 进行项目管理。

1.2.2　BIM 技术特点与价值

1. BIM 技术特点

BIM 利用三维数字模型将建筑工程的信息不断集成，这决定了 BIM 具有可视化、参数化等优势。BIM 技术特点可归纳为以下几点：

（1）可视化：在 BIM 建筑信息模型中，由于整个过程都是可视化的，所以，可视化的结果不仅可以用来对效果图的展示及报表的生成，更重要的是，项目设计、建造、运营过程中的沟通、讨论、决策都在可视化的状态下进行。

(2)协调性：建筑信息模型(BIM)可在建筑物建造前期对各专业的碰撞问题进行协调，生成协调数据。

(3)模拟性：模拟性并不是只能模拟设计出的建筑物模型，BIM模拟性还可以模拟出不能在真实世界中进行操作的事物。在设计阶段，BIM可以对设计上需要进行模拟的一些东西进行模拟试验。

(4)优化性：BIM模型提供了建筑物的实际存在的信息，包括几何信息、物理信息、规则信息，还提供了建筑物变化以后的实际存在。

(5)可出图性：BIM通过对建筑物进行了可视化展示、协调、模拟、优化以后，可以帮助用户出图纸。

(6)一体化性：基于BIM技术可以进行从设计到施工再到运营贯穿了工程项目的全生命周期的一体化管理。

(7)参数化：参数化建模是指通过参数而不是数字建立和分析模型，简单地改变模型中的参数值就能建立和分析新的模型；BIM中图元是以构件的形式出现，这些构件之间的不同，是通过参数的调整反映出来的，参数保存了图元作为数字化建筑构件的所有信息。

(8)信息完备性：信息完备性体现在BIM技术可对工程对象进行3D几何信息和拓扑关系的描述及完整的工程信息描述。

2. BIM应用优势和价值

CAD技术将手工绘图推向计算机辅助制图，但这种技术如果仅应用于一个领域，相关的环节没有关联起来，就不能形成整体的综合应用价值。BIM作为一种信息技术、一种工作手段和方法、一种管理行为，可以集合建筑物全生命周期的建设数据，推动管理的集成化和集约化。与CAD相比较，BIM作为一种完全的信息技术，其优势体现在以下几个方面：

(1)数据库技术。将所有设计内容变革为产品实体和功能特征的数字化数据库而不是单独的文件，会极大促进行业的发展。该数据库可作为中央储存库，内容是完全真实与实时的，是可靠、周全决策的基础，同时，可反映对项目共享的理解。当然，设计文件依然存在，但是过程性结果会按需求和特定的目的从数据库中产生。就BIM而言，那些体现项目全部要素内容的线条、文字等，通过BIM软件形成的数据库，体现出了项目全部要素的"智能构件"，以数字方式"建造"而成。因此，它们可以作为整体看待，用以鉴别"冲突"(建筑、结构和水暖电系统间的几何学冲突)。这些冲突可以通过虚拟方式加以解决，从而可避免在实际操作中遇到这种问题。同时，一旦置于BIM环境下，它会自动将自身信息加载至所有的平面图、立面图、剖面图、详图、明细表、立体渲染、工程量估计、预算、维护计划等。另外，随着设计的变化，构件能够对自身参数进行调整以适应新的构思与意图，这为项目团队成员与其技术工具之间进行顺畅的信息交换敞开了大门，也形成了更加协调的设计和施工。另外，业主将得到一份该项目的"数字化备份"，可用于今后的建筑物运营和维护。

(2)分布式模型。目前，在工程建设行业中开展BIM相关工作时，采用的是一种将创作工具的价值与分析工具的能力相结合的"分布式"方法。在分布式BIM环境下，单独的模型通常由相关单位负责制作。

1)设计模型：建筑、结构、水暖电和土木/基础设施；

2)施工深化模型：将设计模型细化为施工步骤或节点模型；

3)建造(生产/制造/加工)模型：达到加工的深度，或其数据直接传递至计算机辅助制造系统；

4)施工管理(ND)模型：将工程细分结构与模型中的项目要素联系起来，用于进度、成本等的管理；

5)运维模型：为业主模拟运营维护状态而建立的模型。

BIM 数据库保存有各个 BIM 智能对象的信息，可根据需要将该数据特定的子集"公布"给分析工具。例如，能耗分析工具可获取有关项目场地的方向、暖通系统性能、设备电器载荷及发热量、外部材料的表面反射性及房屋外壳绝缘属性等方面的信息。而能耗分析工具已拥有了太阳年度运行轨迹、温度及场地附近风力条件的信息，能够对模拟的能耗性能设计解决方案和潜在 LEED 分值进行计算，据此可修改 BIM，并反复测试，进行调整，这是一个无缝、快速、高效的过程。

(3)工具与程序结合创造 BIM 的价值。可以从项目阶段、项目参与方和 BIM 应用层次三个维度来建立对 BIM 的认识。项目全生命周期中的规划与计划、设计、施工、交付和试运行、运营和维护、清理 6 个阶段都可以运用 BIM 进行工作；同时，不同的项目参与方，包括业主(用户)、开发商或中介、工程咨询顾问(个人)、承包商(供应商)、物业管理单位等，甚至包括银行及房屋修缮、改造、拆除单位，都可以在与 BIM 的沟通中按照相关约定修改并获取所需要的数据和信息，创造服务功能需求的价值。虽然建模工具为个人用户创造了巨大的优势，但如果利用 BIM 仅仅为了实现"卓越个体"，则低估了 BIM 大规模提高行业整体水平的巨大潜力。因此，就项目成员之间各 BIM 数据之间的相互交换关系，可以按照美国总承包商协会 BIM 论坛(www.bimforum.org)的标准将 BIM 划分为"孤独的 BIM(个人单独使用 BIM 工具)"与"社会性 BIM(与部分人共享数据)"，有专家还增加了"亲密 BIM"这一最高层次，即所有成员共享信息，协同并集体决策，完成项目。由此可见，无论是冲突检查还是"一体化项目交付(Integrated Project Delivery，IPD)"，BIM 都将会推动项目建设呈现新的场景和效果。

BIM 是一个功能强大的、综合了模型和分析功能的工具，并拥有一体化、合作性的程序。利用这一技术，建筑业实现了彻底的变革。随着这些工具和程序的不断推广使用，人们可以不断开发新方法，提高生产效率，以充分利用 BIM 的强大功能，更好地实施项目。

1.2.3　地下管线 BIM 技术发展

目前，BIM 技术在地上建筑及可见设施的建模中应用已十分广泛，且有一套较为完整的建模数据规则及技术标准。相对于建筑、市政工程的道路桥梁、轨道交通等方向的 BIM 技术应用，地下管线 BIM 技术应用的发展较慢，BIM 技术在既有地下管线及构筑物建模方面的应用尚处于起步阶段，主要集中于地下综合管廊系统平台、地下建(构)筑物、地下管线设计与管理等地下建模研究方面的尝试。截至目前，国家、行业、地方均未有地下管线 BIM 模型的相关标准发布实施。随着 BIM 技术的快速发展及智慧城市建设要求的提升，地下管线行业正在探寻新的思路和技术，将 BIM 技术引入城市地下管线的设计、施工和运行管理中。当前地下管线问题的 BIM 解决方案主要有以下几个方面：

（1）运用 BIM 技术对地下管线进行三维设计，其设计成果是对工程整体的全方位表达，用户可以根据需要获取不同角度的局部断面及复杂部位的详细信息。这在传统二维设计中是不可能实现的。

（2）在三维 BIM 模型中对地下管线进行调整修改，各个碰撞点调整后所带来的工程中其他部位的连锁反应可以及时清晰地体现。

（3）地下管线三维 BIM 模型中所有标高均为准确标高，用户完全可以基于模型得到任意需要部位的准确尺寸信息。从而在施工期间就可以严格要求施工人员按照设计标高作业，避免因施工人员的判断失误而产生各种施工问题，影响施工效率和质量。

（4）将 BIM 与物联网技术相结合，实现对地下管网运行状态的全方位监测管理。在监测管段上预先安装各种传感器，并将各个传感器测点的位置及检测信息在模型中同步体现出来。在平时运营管理中，可以通过 BIM 模型对管网的水力情况进行监测显示，及时分析预报存在或可能存在的风险。在事故发生的第一时间，可以通过 BIM 模型获取事故管段的位置及事故性质等其他关键参数，以便检修处理。

尽管 BIM 拥有众多无与伦比的优势，但是作为一项新技术，在地下管线行业的推广应用仍然困难重重，面临诸多的挑战和阻碍，主要表现在以下几个方面：

（1）设计人员思维转变难。传统的地下管线及构筑物设计、探查等通常以二维 CAD 图纸展示，设计人员思维从二维到三维的转变必然需要经历一段痛苦的适应过程。

（2）BIM 与 GIS 数据分别采用不同的标准。要想实现 BIM 与 GIS 数据的互通，必须制定统一的数据标准。

（3）对 BIM 的本地化、行业化完善不够。现阶段地下管线 BIM 技术尚未建立统一、完善的开放性标准，制约了其发展。

1.2.4　BIM 软件与硬件

1. BIM 软件的定义与分类

（1）BIM 软件的定义。根据《建筑信息模型应用统一标准》（GB/T 51212—2016），BIM 软件应具有相应的专业功能和数据互用功能。其中，专业功能应满足专业或任务要求，并应符合相关工程建设标准及其强制性条文，宜支持专业功能定制开发；数据互用功能应至少满足下列要求之一：应支持开放的数据交换标准，应实现与相关软件的数据交换，应支持数据互用功能定制开发。

（2）BIM 软件的分类。根据 BIM 软件的主要应用特点对 BIM 软件进行分类是一种常见的软件分类方式，如图 1-5 所示。BIM 软件由内到外划分为模型创建、模型辅助、模型管理及企业级管理系统四个层次。各类软件的代表类型及其应用特点见表 1-1。

2. BIM 硬件的配置

"工欲善其事，必先利其器"。BIM 模型涉及庞大的信息和数据，BIM 建模和模型分析涉及大量的高性能计算。因此，BIM 的实施离不开高性能的计算机支持。同时，为优化 BIM 的应用效果，许多专业设备也与 BIM 接轨，辅助 BIM 应用，如智能机器人、三维激光扫描仪、无人机、VR/AR 设备等。另外，BIM 模型作为建筑信息化的核心载体，可与各种设备及终端进行数据互联，进行基于 BIM 的智能监控，辅助工程施工及运维。因篇幅关系，本节仅对 BIM 建模涉及的计算机硬件进行简要介绍。

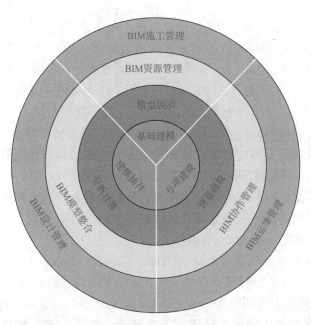

图 1-5　BIM 软件的分类(根据 BIM 软件的主要应用特点进行划分)

表 1-1　各类软件的代表类型及其应用特点

软件类别	软件名称	主要功能
基础建模	Revit	建筑行业通用 BIM 模型创建软件
建模插件	建模大师	基于 Revit 的多功能插件
专项建模	Tekla	钢结构深化软件
模型展示	Fuzor	BIM 模型实时渲染、虚拟现实、进度模拟软件
分析计算	Autodesk Robot	基于有限元的结构分析计算软件
算量提取	海迈 BIM 算量	厦门海迈科技股份有限公司出品的基于 BIM 工程计量计价软件
BIM 资源管理	族库大师	红瓦科技研发的 Revit 族库管理器
BIM 模型整合	Naviswork	轻量化 BIM 模型整合工具
BIM 协作管理	Vault	Autodesk 公司出品的协同工作平台
BIM 设计管理	PKPM	结构设计数据管理等
BIM 施工管理	智慧工地	以 BIM 平台为核心,集成全专业模型,并以集成模型为数据载体,为管理提供数据支持。
BIM 运维管理	蓝色星球	整合 Revit 模型,对接现场设备、探测器等工作状态数据,按照一定规则或标准整合成为最终运维管理平台可用数据

(1)核心硬件。与其他计算机一样,BIM 工作站(实施 BIM 建模等工作所用的计算机)的性能主要受以下几个配件的影响:

1)CPU,即中央处理器(Central Processing Unit),是计算机的运算和控制核心,对计算机的所有硬件资源(如存储器、输入输出单元)进行控制调配并执行通用运算。CPU 主要有 Intel 和 AMD 两个品牌。其中,Intel 的 CPU 单核计算性能更强,因此,在高端计算机领域的占有率更高；而 AMD 的 CPU 性价比更高，在办公及游戏领域具有一定的市场占有率。BIM 工作站的中央处理器配置，通常选择适合处理大量浮点运算或 3D 渲染的 CPU，例如，适用于服务器的至强 E3、E5 系列 CPU，或者个人计算机的 CPU 酷睿 i7 系列。由于部分 BIM 软件对于单核计算能力要求较高，故对 CPU 主频有一定要求，通常要求服务器系列 CPU 主频不低于 3.0，个人计算机系列 CPU 主频不低于 3.5。

2）内存，即内存储器（Memory），也称为主存储器，用于暂时存放 CPU 中的运算数据，以及与硬盘等外部存储器交换的数据。计算机中所有程序的运行都是在内存中进行的，只要计算机在运行，CPU 就会把需要运算的数据调到内存中进行运算，运算完成后，CPU 再将结果传送出来。因此，内存的性能对计算机的影响非常大。BIM 软件的运算量较大，需要使用较大的内存空间。BIM 通常要求计算机配置 16～32 GB 内存，一些特殊的场景，如大型地质三维建模，甚至需要 128 GB 内存。

3）显卡，即显示接口卡或显示加速卡（Video Card，Graphics Card），是个人计算机最基本的组成部分之一，用于计算机系统显示信息转换和图像加速处理。显卡拥有独立的"显示芯片"，即图形处理器（Graphics Processing Unit，GPU），其是显卡的主要处理单元；显卡也拥有和计算机存储器相似的存储器，称为显示存储器，简称显存。显卡性能主要受 GPU 和显存的影响。由于 BIM 涉及大量的图像计算，如三维模型显示、图形渲染、图形信息处理、图形变换运算等。所以，对显卡的要求较高，通常要求配置独立显卡，显存在 4 GB 以上，条件许可推荐配置专业图形显卡。

4）硬盘，即计算机的最主要存储设备，用于存储计算机的各种数据。硬盘的主要参数包括容量、转速、缓存、接口类型和接口速度。硬盘按类型可分为机械硬盘（HDD）和固态硬盘（SSD）。其中，固态硬盘读写速度更高。硬盘按接口类型可分为 ATA、IDE、SATA、SCSI、光纤通道、SAS、PCI-E 等。随着技术的发展，硬盘容量基本不影响 BIM 的应用，但是硬盘读写速度对于 BIM 建模效率和协同效率影响较大，因此，通常配置 SATA 接口的固态硬盘，条件允许可以配置 PCI-E 接口的固态硬盘。

工作站的配置主要受所在行业、工作强度及应用软件的影响，各种应用软件对于工作站的配置要求可以在对应软件的官网上查询。例如，某企业主要从事房屋建筑设计，主要采用 SketebUp8.0、Autodesk Revit 2020、Lumion 9 等 BIM 软件，则工作站配置可参考表 1-2。

表 1-2　工作站配置表

组件	配置要求	推荐配置
操作系统	64 位 Windows 操作系统	Windows 8 或 Windows 10
CPU	采用 SSE2 技术的单核或多核 Intel Xeon 或 i-Series 处理器或等效 AMD 处理器	4～8 个 CPU 核心，主频 3.0 以上（PC 机系列主频 3.5 以上）
内存	8 GB 以上	16 GB 以上，建议采用 ECC 内存
显卡	2 GB 以上显存的独立显卡，同时支持 Di-rectX 和 OpenGL	4 GB 以上显存的专业图形显卡
硬盘	系统盘 100 GB 以上的 SSD 固态硬盘	全部硬盘采用 SSD 固态硬盘

（2）工作站的选择。目前，工作站有台式工作站、移动工作站、云工作站等产品形态。

1）台式工作站。台式工作站的形态和台式计算机类似，由主机、显示器、键盘、鼠标、音响设备等组成。台式工作站是目前产品种类最丰富、价格相对低的工作站类型，可按需配置 CPU、内存、显卡等相关配件，适合企业级 BIM 应用。

2）移动工作站。移动工作站是一种兼具工作站和笔记本计算机的特征，具有强大的数据运算与图形、图像处理能力，为满足工程设计、动画制作、科学研究、软件开发、金融管理、信息服务、模拟仿真等专业领域的需要而设计开发的高性能移动计算机。目前，联想、戴尔、惠普等主流笔记本计算机厂家均推出了移动工作站产品，适合个人 BIM 工作者或项目级 BIM 应用。

3）云工作站。云工作站是近年来随着云计算的发展而出现的一种工作站形式，兼具工作站和云计算的特征。其本质上是将计算机资源（以服务器、台式工作站为主）利用虚报化技术，按照 BIM 工作站的配置，虚拟为多台虚拟计算机（工作站），并通过网络分配给多个用户使用。利用云工作站，人们可搭建企业或项目协网办公平台，所有 BIM 工程师均在同一平台上办公，方便数据协同。同时，云工作站可实现互联网办公，配置参数可动态调整，能够满足大规模、高性能计算需求，适合企业级或项目级 BIM 应用。BIM 工作站类型比较见表 1-3。

表 1-3　BIM 工作站类型比较

工作站		普通 PC 计算机	台式工作站	移动工作站	云工作站
优势		价格低 品牌较多	价格适中 性能稳定	移动办公 性能稳定	互联网办公、高效协同、资源共享与调整
劣势		性能及稳定性较差	不便于携带及协同	价格高、协同性差	价格高、可选择品牌少
适用场景		BIM 教学、 初级 BIM 应用、 BIM 个人工作者	企业级 BIM 应用	BIM 项目应用、 BIM 个人工作者	BIM 教学、企业级 BIM 应用、BIM 协同应用
常见配置	CPU	i5 系列处理器	i7 或至强系列处理器	i7 系列处理器	至强系列处理器
	内存	8 GB	32 GB	16 GB	8×32 GB
	显卡	GTX1050	Quadro P2000	Quadro P1000	8×Quadro P2000、或等同配置虚拟化显卡
	硬盘	128 GB SATA 固态	256 GB PCIe 固态	256 GB PCIe 固态	4×960 GB 固态

项目小结

本项目主要介绍了地下管线基本知识、地下管线 BIM 模型的概念，以及建筑信息模型（BIM）的基本知识。BIM 技术的诞生和快速发展离不开行业数字化发展需求及相关政策的支持，本项目还介绍了 BIM 发展简史和国内外 BIM 政策，并进一步介绍了 BIM 技术特点与价值，以及 BIM 相关软件应用方向、BIM 技术实施所需的工作站配置等基本知识。

一、简答题

1. 地下管线 BIM 模型的定义是什么？

2. BIM 技术的特点有哪些？

3. BIM 是一款三维设计软件吗？请简述原因。

4. 学习 BIM 建模技术的门槛是否很高？进行 BIM 建模工作的计算机是否需要很高的硬件配置？请简述原因。

5. 根据国内外有关 BIM 政策，你认为 BIM 未来的发展方向和前景如何？

二、实训题

1. 撰写《地下管线 BIM 技术的发展趋势》发言稿。

请对本项目所学内容进行总结回顾，并利用网络途径收集 BIM 相关政策法规，撰写一篇名为《地下管线 BIM 技术的发展趋势》的发言稿，要求：发言时间控制在 3 min 内；发言内容应准确、积极；发言所列举的政策法规应说明其指定部门(单位)、生效时间；交付方式：现场发言。

2. 编写《BIM 工作个人计算机配置方案》(以下简称方案)。

以 BIM 建模人员的身份，为自己配置一台工作计算机，并按工作或学习需求安装对应 BIM 建模软件，要求：列明计算安装的各类 BIM 软件及对应软件功能；列明对应的计算机硬件配置；利用线上、线下购物平台，对清单中各软件、硬件进行询价，并统计方案实施所需成本；交付方式：以 word 或 pdf 格式交付。

项目 2

Revit 软件及基本操作

教学要求

知识要点	能力要求	权重
Revit 软件介绍	了解 Revit 软件及其主要应用场景，掌握创建项目文件的软件操作，熟悉其相关的专业术语	10%
操作界面	熟悉 Revit 软件的操作界面及各功能模块，能够准确、快速地找到图元创建、修改、管理的工具位置	10%
视图控制	掌握各类视图控制工具或命令的使用方法，并能根据项目需求进行正确的视图创建、设置、管理	30%
图元操控	掌握"修改"面板中各种图元操控工具的使用方法，并能灵活运用于模型创建工作过程中	50%

任务描述

Revit 是一款 BIM 核心建模软件，其借助 AutoCAD 的天然优势，是当前 BIM 在国内建筑行业应用最广泛、使用人数最多的软件，也是进行地下管线各专业管道与附属设施的 BIM 模型创建、BIM 模型应用、BIM 成果输出的 BIM 软件。认识 Revit 的软件界面和专业术语，并掌握界面组织、视图控制、图元操控等软件基本操作，是进行地下管线 BIM 建模和模型应用的基础技能。

职业能力目标

(1)了解 Revit 软件的启动和操作界面及各功能模块。
(2)掌握 Revit 各专业术语与图元行为的概念。
(3)掌握 Revit 视图控制的操作技能。
(4)掌握 Revit 图元操作的操作技能。

典型工作任务

(1)选择正确样板创建新的 Revit 项目文件。

（2）使用"系统"选项卡"卫浴管道"面板中相关构件创建工具和图元操控工具，创建管道及管件、管路附件等 BIM 模型。

（3）正确设置视图显示、视觉样式。

📖 案例引入

BIM 助力地下综合管廊干线工程信息化管理

某新建综合管廊长为 7.1 km，综合管廊纳入电力、通信、给水、中水、局部雨水、污水、直饮水、通风、燃气 9 种管线，廊内安装环境与设备监控、安防监控、通信监控、电力监控、结构健康检测、智能机器人巡检、火灾自动报警 7 个主要系统。在信息化管理的基础上逐步实现自动化，用智慧覆盖整个管廊运行管理的全过程，实现高效、节能、安全、环保的"管、控、营"一体化智慧型管廊。由于综合管廊设计的标准高、施工工期紧、施工周边环境复杂、协调单位众多。因此，在设计、施工、运营的过程中借助 BIM 技术，为项目的信息管理提供支撑。项目各阶段 BIM 技术的应用都离不开一套精度满足、数据完备的 BIM 模型。

BIM 技术的软件主要包括核心建模软件（如 Autodesk Revit 系列软件、GraphiSoft Archicad 等）和基于 BIM 模型的分析软件（如 PKPM、Microsoft Project 等）两类。本项目选择 Revit 作为核心建模软件。图 2-1 所示为综合管廊 BIM 模型。

图 2-1　综合管廊 BIM 模型

2.1　Revit 软件简介

Revit 最早是由 Revit Technology 公司于 1997 年开发的三维参数化建筑设计软件。2002 年 Autodesk 公司将其收购，并在工程建设行业提出 BIM（Building Information Modeling，建筑信息模型）概念。Revit 系列软件（建造、结构、设备）是专为建筑信息模型而构建，主要应用在民用建筑，具有软件界面简洁，功能易用，拥有第三方开发的海量对象库，可快速完成模型的创建，协同功能强大，方便数据信息交流综合，支持可持续设计、碰撞检测、施工规划和建造，可以与其他相应软件完美兼容等优点。

Revit 支持建筑项目所需的模型、设计、图纸和明细表，并可以在模型中记录材料的数量、施工阶段、造价等工程信息。在 Revit 项目中，所有的图纸、二维视图和三维视图及明细表都是同一个基本建筑模型数据库的信息表现形式。Revit 的参数化修改引擎可自动协调在任何位置(模型视图、图纸、明细表、剖面和平面中)进行的修改。

2.1.1 Revit 启动与新建项目

1. Revit 启动及用户启动界面

Revit 是标准的 Windows 应用程序。可以像其他 Windows 软件一样通过双击图标启动 Revit 主程序。软件启动后，默认会显示一个"最近使用的文件"的界面，该界面也称为用户启动界面，如图 2-2 所示。

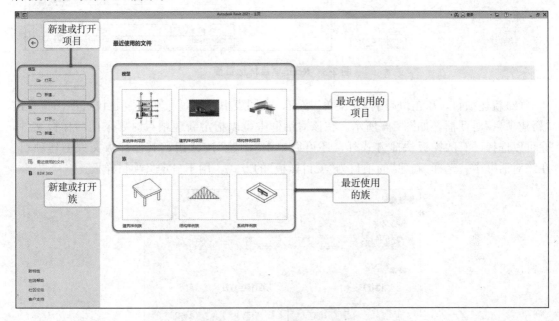

图 2-2　Revit 用户启动界面

Revit 的用户启动界面主要包含项目和族两大区域，分别用于打开或创建项目及打开或创建族。在项目区域中，提供了建筑、结构、机械、构造等项目创建的快捷方式，也可以通过选择"最近使用的文件"的项目缩略图快速打开对应的项目文件，族区域的功能及操作与项目相同。

2. Revit 新建项目

(1)项目样板。项目样板是 Revit 工作的基础。在项目样板中预设了新建项目的所有默认设置，包括长度单位、轴网标高样式、视图组织和创建管线 BIM 模型需要的族类型等。项目样板仅为项目提供默认预设工作环境，在项目创建过程中，Revit 允许用户在项目中自定义和修改这些默认设置。单击软件界面左上方"主视图"按钮图，执行"文件"→"选项"命令，在弹出的"选项"对话框中，切换至"文件位置"选项，可以查看 Revit 中各类项所采用的样板设置。在该对话框中，还允许用户添加新的样板快捷方式，浏览指定所采用的项目样板，如图 2-3 所示。

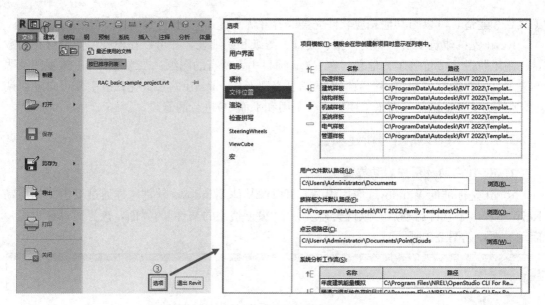

图 2-3　Revit 项目样板页面

（2）新建项目。单击"应用程序菜单"按钮，在列表中选择"新建"→"项目"选项，将弹出"新建项目"对话框，如图 2-4 所示。在该对话框中可以指定新建项目时要采用的样板文件，除可以选择已有的样板快捷方式外，还可以单击"浏览"按钮指定其他样板文件创建项目。在该对话框中，选择"新建"的项目为"项目样板"的方式，用于自定义项目样板。

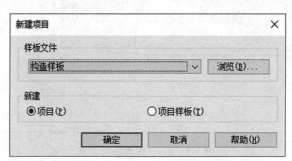

图 2-4　Revit 新建项目页面

3. 使用软件帮助与信息中心

Revit 提供了完善的帮助文档系统，以方便用户在遇到使用困难时查阅。可以随时单击"帮助与信息中心"栏中的"Help"按钮◎或按 F1 键，打开帮助文档进行查阅。目前，Revit 2022 帮助文档以在线的方式查看，因此，必须连接 Internet 才能正常查看帮助文档。

2.1.2　Revit 专业术语

1. 项目

在 Revit 软件中，可以简单地将项目理解为 Revit 的默认存档格式文件，该文件中包含了工程中所有的模型信息和其他工程信息，如材质、造价、数量等，还可以包括设计中生成的各种图纸和视图。

Revit 项目文件以"＊.rvt"的数据格式保存。要特别注意，高版本软件保存的"＊.rvt"

格式的项目文件无法在低版本的 Revit 中打开，但可以被更高版本的 Revit 中打开。例如，使用 Revit 2022 创建的项目数据，无法在 Revit 2021 或更低的版本中打开，但可以使用 Revit 2023 打开或编辑。

> **提示**
>
> 使用高版本的软件打开项目数据后，当数据保存时，Revit 将升级项目数据格式为新版本数据格式。升级后的数据也将无法使用低版本软件打开。前面提到，项目样板是创建项目的基础。事实上，在 Revit 中创建任何项目时，均会采用默认的项目样板文件。项目样板文件以"＊.rte"格式保存。与项目文件类似，无法在低版本的 Revit 软件中使用高版本软件创建的样板文件。

2. 对象类别

与 AutoCAD 不同，Revit 不提供图层的概念。Revit 中的标高轴网、构件、尺寸标注与文字注释等对象以对象类别的方式进行自动归类和管理。Revit 通过对象类别进行细分管理。例如，模型图元类别包括电缆桥架、管道、风管等；注释类别包括管道标记、尺寸标注、轴网、文字等。在项目任意视图中双击"V"，将打开"可见性/图形替换"对话框，如图 2-5 所示。在该对话框中可以查看 Revit 包含的详细的类别名称。注意，在 Revit 的各类别对象中，还将包含子类别定义，如管道类别中，还可以包含中心线、水力分离符号等子类别。Revit 通过控制对象中各子类别的可见性、线形、线宽等设置，控制三维模型对象在视图中的显示，以满足项目出图的要求。在创建各类对象时，Revit 会自动根据对象所使用的族将该图元自动归类到正确的对象类别中，如给水管道，Revit 会自动将该图元归类于"管道"，而不必像 AutoCAD 那样预先指定图层。

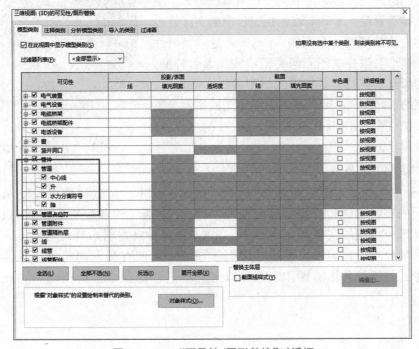

图 2-5　Revit"可见性/图形替换"对话框

3. 族

Revit 的项目是由墙、楼板、门、窗、管道、管件等一系列基本对象"堆积"而成的，这些基本的零件称为图元。除三维图元外，包括文字、尺寸标注等单个对象也称为图元。

族是 Revit 项目的基础。Revit 的任何单一图元都由某一个特定族产生。例如，一段电缆桥架、一段管道、一个尺寸标注、一个图框。由一个族产生的各图元均具有相似的属性或参数。例如，管道族由该族产生的图元都将可以具有管道的直径、材质、高程等参数，但具体每段管道的直径、材质、高程的值可以不同，这由该族的类型或实例参数定义决定。在 Revit 中，族可分为以下三种：

（1）可载入族。可载入族是指单独保存为"＊.rfa"格式的独立族文件且可以随时载入到项目中的族。Revit 提供族样板文件，允许用户自定义任意形式的族。在 Revit 中，管件、管路附件、卫浴装置等均为可载入族。

（2）系统族。系统族仅能利用系统提供的默认参数进行定义，不能作为单个族文件载入或创建，如管道、电缆桥架、风管、建筑墙、楼板及尺寸标注等。系统族中定义的族类型可以使用"项目传递"功能在不同的项目之间进行传递。

（3）内建族。在项目中，由用户在项目中直接创建的族称为内建族。内建族仅能在本项目中使用，既不能保存为单独的"＊.rfa"格式的族文件，也不能通过"项目传递"功能将其传递给其他项目。与其他族不同，内建族仅能包含一种类型。Revit 不允许用户通过复制内建族类型来创建新的族类型。

4. 类型和实例

除内建族外，每个族包含一个或多个不同的类型，用于定义不同的对象特性。例如，对于管道来说，可以通过创建不同的族类型，定义不同的管道系统，如生活给水管道及排水管道。而每个放置在项目中的实际管道图元，则称为该类型的一个实例。Revit 通过类型属性参数和实例属性参数控制图元的类型或实例参数特征。同一类型的所有实例均具备相同的类型属性参数设置，而同一类型的不同实例，可以具备完全不同的实例参数设置。图 2-6 列举了 Revit 中族类别、族、族类型和族实例之间的相互关系。

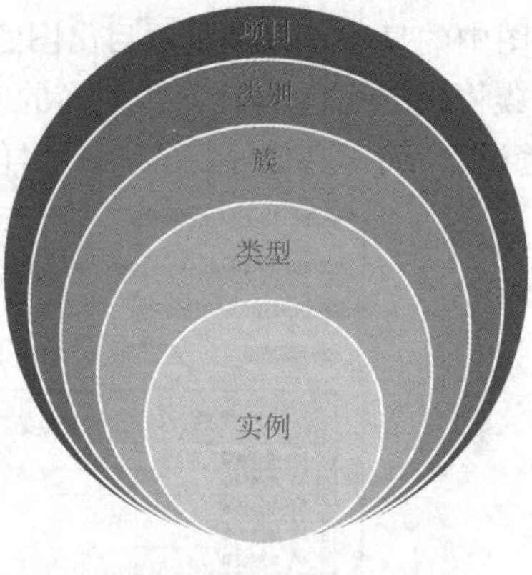

图 2-6 Revit 中各类术语之间对象的关系

5. 各术语间的关系

在 Revit 中，各类术语之间对象的关系如图 2-6 所示。可这样理解：Revit 的项目由无数个不同的族实例（图元）相互堆砌而成，而 Revit 通过族和族类别来管理这些实例，用于控制和区分不同的实例。在项目中，Revit 通过对象类别来管理这些族。因此，当某一类别在项目中设置为不可见时，隶属于该类别的所有图元均将不可见。本书在后续的项目中，将通过具体的操作来帮助读者理解这些晦涩难懂的概念，在此有基本理解即可。

2.1.3 Revit 图元行为

1. 图元的概念

图元是基于族的、组成项目文件的最小完整单元。前面内容了解到族是构成 Revit 项目的基础，当族创建完成并载入到项目文件中，具有实际意义后，族也就被称为图元。

2. 图元的分类及作用

在项目中，各图元主要起以下三种作用：

（1）基准图元：可帮助定义项目的定位信息，如轴网、标高和参照平面都是基准图元。

（2）模型图元：表示建筑主体或模型构件的实际三维几何图形。它们显示在模型的相关视图中。例如，建筑墙体、管道与管件是模型图元。模型图元又可分为两种类型：主体（或主体图元）通常在构造场地在位构建，如墙和顶棚是主体；模型构件是建筑模型中其他所有类型的图元，如管道、电缆桥架、机械设备是模型构件。

（3）视图专有图元：只显示在放置这些图元的视图中。它们可以帮助对模型进行描述或归档。例如，尺寸标注、标记和二维详图构件都是视图专有图元。对于视图专有图元，则分为以下两种类型：

1）注释图元。注释图元是对模型信息进行提取并在图纸上以标记文字的方式显示其名称、特性。例如，尺寸标注、标记和注释记号都是注释图元。当模型发生变更时，这些图元将随模型的变化而自动更新。

2）详图。详图是在特定视图中提供有关建筑模型详细信息的二维项，如详图线、填充区域和二维详图构件。这类图元类似于 AutoCAD 中绘制的图块，不随模型的变化而自动变化。

图 2-7 列举了 Revit 中各不同性质和作用图元的使用方式。

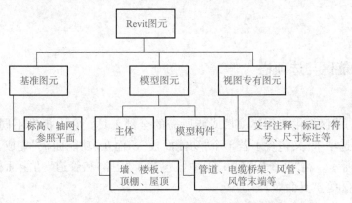

图 2-7　Revit 中各不同性质和作用图元的使用方式

2.2　Revit 操作界面

Revit 打开或编辑项目，将会进入 Revit 的项目编辑界面（也称为操作界面），默认的操作界面主要包括快速访问工具栏①、功能区与选项栏②、属性选项板③、项目浏览器④、绘图区域⑤几大模块，如图 2-8 所示。

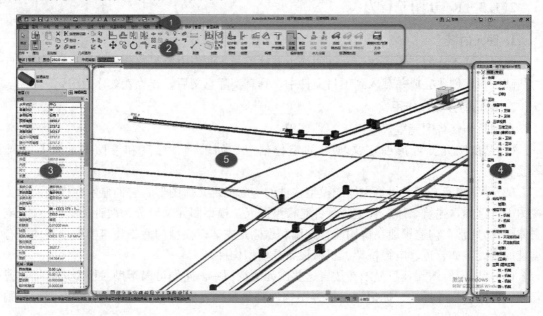

图 2-8　Revit 操作界面

📖 知识拓展

  Revit 软件采用了旨在简化工作流程的 Ribbon 界面。这种界面是一个收藏了命令按钮和图标的面板。它把命令组织成一组"标签"，每组包含了相关的命令。每个应用程序都有一个不同的标签组，展示了程序所提供的功能。在每个标签里，各种相关的选项被组合在一起。

2.2.1　功能区与选项栏

1. 功能区

  Revit 软件功能区提供了创建项目或族所需的全部工具，它由提供不同功能模块的"选项卡"组成，各"选项卡"又包含了若干个"功能面板"，而在"功能面板"集成了相关的工具或命令，如图 2-9 所示，在"系统"选项卡①中，包含了"卫浴和管道"功能面板②，在该面板中集成了"管件"③等工具命令。

图 2-9　功能区组成

22

对于功能区，重点介绍"文件"与"系统"两个选项卡。

(1)"文件"选项卡。提供常用文档操作，如"新建""打开""保存"，以及"导出"和"发布"等命令来管理文件。还可以通过单击右下角"选项"按钮，在"选项"对话框中进行软件某些功能自定义设置，如快捷键。

(2)"系统"选项卡。提供了地下管线 BIM 建模主要工具，如"管道""管件""管路附件"等工具。

(3)其他选项卡。分别按专业、图元行为、工作内容等进行工具或命令的集成。

功能区的其他操作：

(1)展开的面板。某些面板标题旁带有倒三角符号"▼"的，表示该面板可以展开，来显示相关的工具和控件，如图 2-10 所示为"尺寸标注"面板。在默认情况下，当单击面板以外的区域时，展开的面板会自动关闭。要使面板在其功能区选项卡显示期间始终保持展开状态，需要单击展开的面板左下角的图钉图标，如图 2-11 所示。

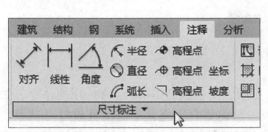

图 2-10　尺寸标注面板

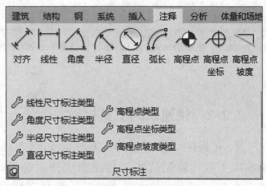

图 2-11　图钉图标

(2)启动设置对话框。某些面板的右下角有对话框启动箭头"↘"，如图 2-12 所示。单击它将弹出一个对话框，可对该面板所集成的工具的默认参数值进行修改或设置。

图 2-12　启动箭头

(3)上下文功能区选项卡。使用某些工具或选择图元时，上下文功能区选项卡中会显示与该工具或图元的上下文相关的工具(图 2-13)。退出该工具或清除选择时，该选项卡将关闭。可以指定使上下文功能区选项卡自动成为焦点，或让当前选项卡保持焦点状态；也可以指定在退出工具或清除选择时显示哪个上下文功能区选项卡。

图 2-13　上下文功能区选项卡

2. 选项栏

选项栏位于功能区下方，根据当前工具或选定的图元显示条件工具，可对正在执行的操作进行细节设置，如图 2-14 所示。可通过在选项栏上单击鼠标右键，在弹出的快捷菜单中选择"固定在底部"将其移动到 Revit 窗口的底部（状态栏上方）。

图 2-14　选项栏

2.2.2　快速访问工具栏

Revit 提供了快速访问工具栏，如图 2-15 所示。用于执行 Revit 经常使用的命令。快速访问工具栏除默认的工具或命令外，也可以根据需要自定义其中的工具或对工具重新排列顺序。例如，将"管道"工具添加到快速访问工具栏中，可以右键单击该命令，在弹出的快捷菜单中选择"添加到快速访问工具栏"即可。使用类似的方式，在快速访问工具栏中右键单击任意工具，选择"从快速访问栏中删除"，可以将工具从快速访问栏中移除。

图 2-15　快速访问工具栏

提示

1. 上下文选项卡的工具无法添加到快速访问工具栏中。

2. 快速访问工具栏可以显示在功能区下方，单击该工具栏最右侧"▼自定义快速访问工具栏"①下拉菜单，选择"在功能区下方显示"②即可，如图 2-16 所示。

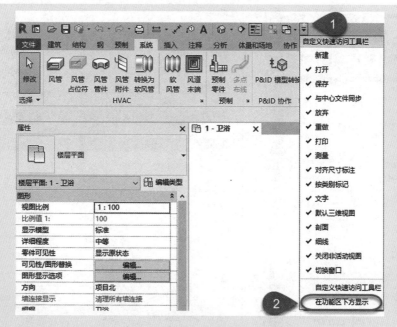

图 2-16　设置快速访问工具栏位置

2.2.3　"属性"面板

"属性"面板可以查看和修改用来定义 Revit 中图元属性的参数（图 2-17）。"属性"面板①、类型选择器、"编辑类型"属性编辑按钮②、实例属性③等三个部分，各部分的功能见表 2-1。

表 2-1　"属性"面板各部分的功能

编号及名称	名称及功能
"类型选择器"	标识当前选择的族类型，并提供一个可从中选择其他类型的下拉列表
"实例属性"	查看和修改被选择实例图元的属性参数，管道实例默认情况下包括"约束""尺寸标注""机械""标识数据""阶段化""绝缘层""其他"等参数组
"编辑类型"按钮	单击将弹出"类型属性"对话框（图 2-18），用于查看和修改某一类型图元的类型属性参数

当选择图元对象时，"属性"面板将显示当前所选择对象的实例属性；如果未选择任何图元，则面板上将显示活动视图的属性。

提示

在任何情况下，按组合键 Ctrl＋1，均可打开或关闭"属性"选项。还可以选择任意图元，单击上下文选项卡中的"属性"按钮；或在绘图区域中单击鼠标右键，在弹出的快捷菜单中选择"属性"选项。可以将该面板固定到 Revit 窗口的任意一侧，也可以将其拖曳到绘图区域的任意位置成为浮动面板。

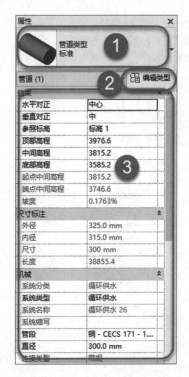

图 2-17 "属性"面板

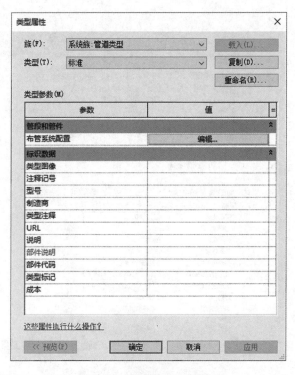

图 2-18 "类型属性"对话框

2.2.4 项目浏览器

项目浏览器用于组织和管理当前项目中包括的所有信息，包括项目中所有视图、明细表、图纸、族、组、链接的 Revit 模型等项目资源。Revit 按逻辑层次关系组织这些项目资源，方便用户管理。展开和折叠各分支时，将显示下一层级的内容。图 2-19 所示为项目浏览器中包含的项目内容。在项目浏览器中，项目类别前显示"⊞"表示该类别中还包括其他子类别项目。在 Revit 中进行项目设计时，最常用的操作就是利用项目浏览器在各视图中切换。

在"项目浏览器"任意栏目名称上单击鼠标右键，在弹出的快捷菜单中选择"搜索"命令，弹出"在项目浏览器中搜索"对话框，可以使用该对话框在项目浏览器中对视图、族及族类型名称进行查找定位，如图 2-20 所示。右键单击"视图（全部）"，在弹出的快捷菜单中选择"浏览器组织"命令，将弹出"浏览器组织"对话框，可以自定义项目视图和图纸的组织方式，如图 2-21 所示。

图 2-19 项目浏览器

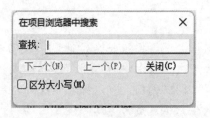

图 2-20 "在项目浏览器中搜索"对话框

图 2-21 "浏览器组织"对话框

2.2.5 绘图区域

Revit 窗口中的绘图区域显示当前项目的楼层平面视图、图纸和明细表视图。在 Revit 中，每当切换至新视图时，都将在绘图区域创建新的视图窗口，且保留所有已打开的其他视图。BIM 模型的操控工作，也将在绘图区域进行。图 2-22 所示为绘图区域。

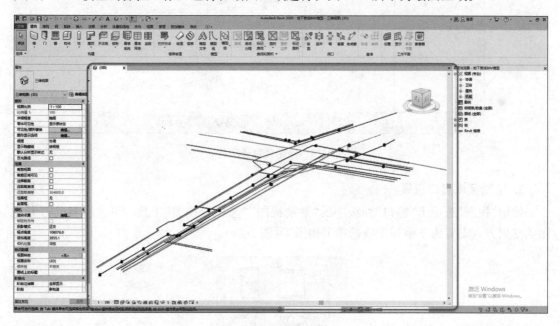

图 2-22 绘图区域

1. 自定义绘图区域背景颜色

在默认情况下，绘图区域的背景颜色为白色，可通过执行"文件"→"选项"命令，在"选项"对话框"图形"选项卡中自定义其背景颜色，如图 2-23 所示。

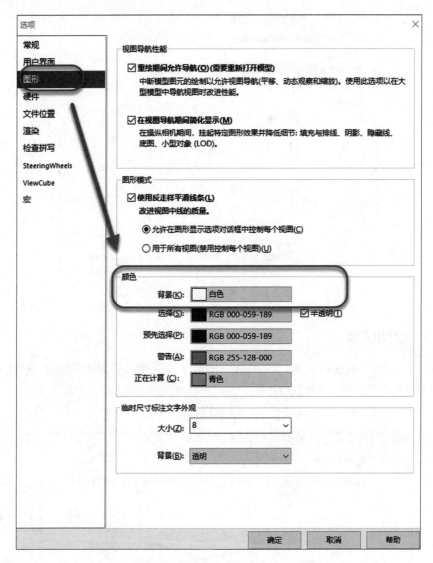

图 2-23　自定义背景颜色

2. 绘图区域窗口设置

使用"视图"选项卡"窗口"面板中的"平铺视图""选项卡视图"工具，可将所有已打开视图的排列方式设置为平铺视图或选项卡视图等（图 2-24）。

图 2-24　绘图区域窗口设置

2.3 Revit 视图控制

2.3.1 项目视图种类

Revit 视图有很多种形式，每种视图类型都有特定的用途，视图不同于 CAD 绘制的图纸，它是 Revit 项目中 BIM 模型根据不同的规则显示的投影。Revit 视图常用的有平面视图、立面视图、剖面视图、详图索引视图、三维视图、图例视图、明细表试图等。各视图功能及相关操作说明见表 2-2。

表 2-2 各视图功能及相关操作说明

视图名称	说明
楼层平面视图及天花板平面	楼层/结构平面视图及顶棚视图是沿项目水平方向，按指定的标高偏移位置剖切项目生成的模型投影视图。其中，楼层/结构平面视图是向下投影，顶棚视图是向上投影。楼层/结构平面视图在创建项目标高时默认可以自动创建对应的楼层平面视图，顶棚视图则不可以
立面视图	立面视图是项目模型在立面方向上的投影视图。在 Revit 中，默认每个项目将包含东、西、南、北 4 个立面视图，并在楼层平面视图中显示立面视图符号"⊙"。双击平面视图中立面标记中黑色小三角，会直接进入立面视图。 Revit 允许用户在楼层平面视图或顶棚视图中创建任意立面视图
剖面视图	剖面视图允许用户在平面、立面或详图视图中通过在指定位置绘制剖面符号线，在该位置对模型进行剖切，并根据剖面视图的剖切和投影方向生成模型投影。剖面视图具有明确的剖切范围，单击剖面标头即显示剖切深度范围，可以通过鼠标自由拖曳
详图索引视图	当需要对模型的局部细节进行放大显示时，可以使用详图索引视图。可以向平面视图、剖面视图、详图视图或立面视图中添加详图索引，这个创建详图索引的视图，被称为俯视图。在详图索引范围内的模型部分，将以详图索引视图中设置的比例显示在独立的视图中。详图索引视图显示俯视图中某一部分的放大版本，且所显示的内容与原模型关联。绘制详图索引的视图是该详图索引视图的俯视图。如果删除俯视图，则将删除该详图索引视图
三维视图	使用三维视图，可以直观查看模型的状态。Revit 中三维视图可分为正交三维视图和透视图两种。在正交三维视图中，无论相机距离的远近，所有构件的大小均相同，可以单击快速访问工具栏"默认三维视图"图标🏠直接进入默认三维视图，可以配合使用 Shift 键和鼠标中键根据需要灵活调整视图角度

同一项目可以有任意多个视图，例如，对于首层标高，可以根据需要创建任意数量的楼层平面视图，用于表示不同的功能要求，如首层场地视图、首层给水排水视图、首层电缆通信视图、地下管线综合平面图等。所有视图均根据模型剖切投影生成。

2.3.2 视图基本操作

1. 创建视图

如图 2-25 所示，Revit 在"视图"选项卡"创建"面板中提供了创建各种视图的工具，也可以在项目浏览器中根据需要创建不同的视图类型。

图 2-25 "视图"选项卡各类工具

2. 平面视图的视图范围设置

在楼层平面视图中，当不选择任何图元时，"属性"面板将显示当前视图的属性，在"属性"面板中单击"视图范围"后的编辑按钮，将弹出"视图范围"对话框，如图 2-26 所示。在"视图范围"对话框中，可以通过设置相关的视图属性参数(偏移值)来定义当前视图的主要范围和视图深度，各个视图范围属性所定义的对应的视图位置如图 2-27 所示。顶部(T)对应编号①、剖切面(C)对应编号②、底部(B)对应编号③、视图深度-标高(L)对应编号④、主要范围对应编号⑤、视图深度对应编号⑥，而编号⑦则对应当前视图的视图范围。

图 2-26 "视图范围"对话框   图 2-27 视图范围属性对应位置

各试图范围属性的关系及作用如下：

(1)视图的主要范围。每个平面视图都具有"视图范围"属性，该属性也称为可见范围。视图范围是用于控制视图中模型对象的可见性和外观的一组水平平面，分别为"顶部平面""剖切面"和"底部平面"。"顶部平面"和"底部平面"用于制定视图范围最顶部和底部位置；"剖切面"是确定剖切高度的平面，这 3 个平面用于定义视图范围的"主要范围"。

(2)视图深度。"视图深度"是视图主要范围外的附加平面，可以设置"视图深度"的标高，以显示位于底裁剪平面之下的图元，在默认情况下该标高与底部重合。"主要范围"的底不能超过"视图深度"设置的范围。

(3)视图范围的内图元样式设置。Revit 对于"主要视图范围"和附加视图"深度范围"内的图元采用不同的显示方式，以满足不同用途视图的表达要求。

在"主要视图范围"内，可见但未被视图剖切面剖切的图元将以投影的方式显示在视图中，而可见且被视图剖切面剖切的图元(如墙、门窗图元)，若该图元类别被允许剖切，其将以截面的方式显示在视图中。对这些图元可以通过单击"视图"选项卡"图形"面板中"可见性/图形替换"按钮，打开"可见性/图形替换"对话框，在"可见性/图形替换"对话框"模型"选项卡中，通过设置"投影/表面"类别中的线、填充图案等，可以控制各类别图元在视图中的投影显示样式，如图 2-28 中的编号①所示。

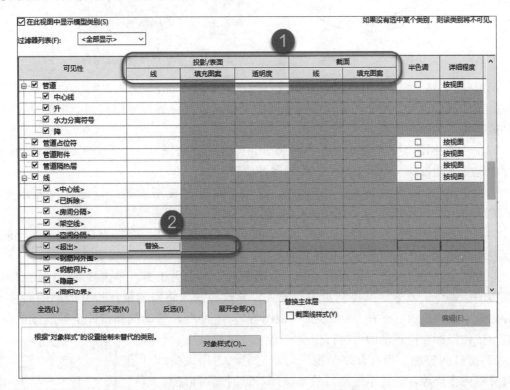

图 2-28　视图范围的内图元样式设置

"深度范围"附加视图深度中的图元将以投影显示在当前视图中，并以"＜超出＞"线样式绘制位于"深度范围"内图元的投影轮廓。可在"可见性/图形替换"对话框"模型"选项卡中展开"线"类别，并在该子类别中找到查看"＜超出＞"线样式，注意该子类别在"可见性/图形替换"对话框中不可编辑和修改。在"管理"选项卡"设置"面板的"其他设置"下拉列表中，单击"线样式"按钮，可以在打开的"线样式"对话框中，对其"＜超出＞"线样式进行详细设置，如图 2-27 中的编号②所示。

> ⚙ 提示
>
> 在 Revit 中，卫浴装置、机械设备类别的图元，如马桶、消防水泵、消防水箱等，图元类别被定义为不可被剖切，因此即使这类图元被视图剖切面剖切，Revit 仍然以投影的方式显示该图元。

3. 视图的其他操作

三维视图可以通过鼠标、ViewCube(图 2-29)和视图导航(图 2-30)来实现视图的平移、缩放等操作。

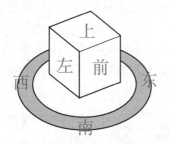

图 2-29　ViewCube

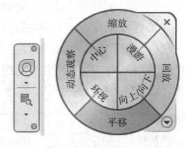

图 2-30　导航栏与导航控制盘

(1)视图平移、缩放。在平面、立面或三维视图中，通过滚动鼠标中键可以对视图进行缩放；按住鼠标中键并拖动，可以实现视图的平移，也可以通过导航控制盘中的平移、缩放功能实现对视图的控制。

(2)三维视图的旋转与动态观察。在 Revit 中仅有三维视图可以实现视图旋转。按 Shift＋鼠标中键并拖动鼠标，可以实现对三维视图的旋转。

ViewCube 也可以实现对三维视图的控制，除控制视图旋转外，还可以通过单击 ViewCube 的面、顶点或边，在模型的各立面、等轴测视图间进行切换。

为更加灵活地进行视图缩放控制，Revit 提供了"导航栏"工具条。默认情况下，导航栏位于视图右侧 ViewCube 下方。在任意视图中，都可以通过导航栏对视图进行控制。

导航栏主要提供视图平移查看工具和视图缩放工具两类工具。单击导航栏中上方第一个圆盘图标，将进入全导航控制盘控制模式，导航控制盘将跟随鼠标指针的移动而移动。全导航盘中提供缩放、平移、动态观察(视图旋转)等命令，移动鼠标指针至导航盘中命令位置，按住鼠标左键不动即可执行相应的操作。

(3)窗口的控制。当打开多个视图时，它们将占用大量的计算机内存资源，造成系统运行效率下降，这时就可以使用"视图"选项卡"窗口"面板中"关闭非活动"的命令，将除当前视图外的隐藏视图(及非活动视图)关闭，节省项目消耗系统资源(图 2-31)。需要注意的是，"关闭非活动"工具不能在平铺、层叠视图模式下使用。

图 2-31　窗口控制

> 🔧 **提示**
>
> 执行"文件"→"选项"命令，在弹出的"选项"对话框中可通过设置视图控制快捷键以提升对视图的控制效率。在默认情况下，双击鼠标中键可以让窗口视图居中，该操作常在图元在视图中"消失不见"时使用。

2.3.3　视图显示样式

"视图控制栏"可以快速访问，并影响当前视图显示样式，其位于视图窗口底部，状态栏的上方,如图 2-32 所示。由于在 Revit 中各视图均采用独立的窗口显示,因此,在任何视图中进行视图控制栏的设置,均不会影响其他视图的设置。

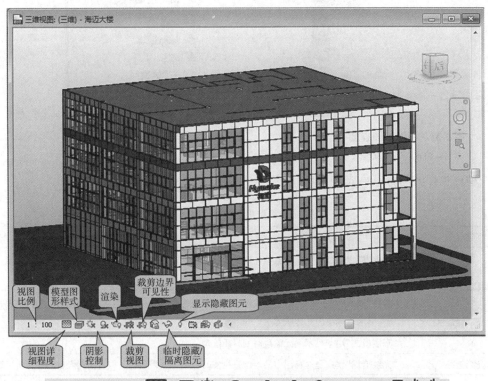

图 2-32　视图控制栏

视图控制栏所包含的重要功能总结如下。

1. 视图比例

视图比例用于控制模型尺寸与当前视图显示之间的关系。单击视图控制栏中的"视图比例"按钮,在比例列表中选择比例值即可修改当前视图的比例。无论视图比例如何调整,均不会修改模型的实际尺寸,仅会影响当前视图中添加的文字、尺寸标注等注释信息的相对大小。Revit 允许为项目中的每个视图指定不同比例或创建自定义视图比例。

2. 视图详细程度

Revit 提供了粗略、中等和精细三种详细程度。Revit 中的图元可以在族中定义在不同视图详细程度模式下要显示的模型。如图 2-33 所示,在阀门族中分别定义"粗略"①和"精细"②模式下图元的表现。Revit 通过视图详细程度控制同一图元在不同状态下的显示,以满足出图的要求。例如,在平面布置图中,平面视图中的窗可以显示为 4 条线;但在窗安装大样中,平面视图中的窗将显示为真实的窗截面。

3. 视觉样式

视觉样式用于控制模型在视图中显示方式,Revit 提供了 6 种显示视觉样式,如图 2-34 所示。其显示效果由弱逐渐增强,但所需要系统资源也越来越大。

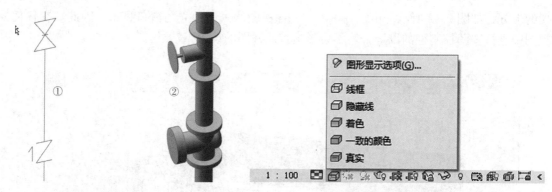

图 2-33　视图详细程度　　　　　　　　　　　图 2-34　视觉样式
①粗略模式；②精细模式

6 种视觉样式的特点见表 2-3。

表 2-3　6 种视觉样式的特点

视觉样式	说明
线框	"线框"模式是显示效果最差但速度最快的一种显示模式。在"隐藏线"模式下，图元将做遮挡计算，但并不显示图元的材质颜色
隐藏线	
着色	"着色"模式和"一致的颜色"模式都将显示对象材质定义中"着色颜色"的色彩，"着色"模式将根据光线设置显示图元明暗关系；在"一致的颜色"模式下，图元将不显示明暗关系
一致的颜色	
真实	"真实模式"用于显示图元渲染时的材质纹理
光线追踪	"光线追踪"模式是对视图中的模型进行实时渲染，效果最佳，但将消耗大量的计算机资源

提示：Autodesk Revit 2021 版及更高版本，视觉样式均取消了"光线追踪"设置选项。

一般平面图或剖面图设置为"线框"模式或"隐藏线"模式，这样系统消耗资源较小，项目运行较快。但因地下管线专业较多常需要通过颜色对不同专业管线进行区分。因此，在地下管线 BIM 技术应用过程中，常在"着色"模式下工作，如图 2-35 所示。

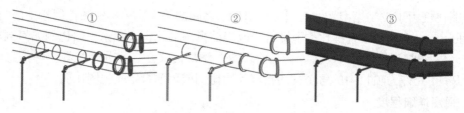

图 2-35　地下管线 BIM 技术
①线框；②隐藏线；③着色

4. 临时隐藏/隔离图元和显示隐藏图元选项

在视图中可以根据需要临时隐藏任意图元。如图 2-36 所示，选择图元后，单击"临时隐藏/隔离图元(或图元类别)"按钮 ，将弹出隐藏或隔离图元选项。所谓临时隐藏图元是指当关闭项目后，重新打开项目时被隐藏的图元将恢复显示。视图中临时隐藏/隔离图元后，视图周边将显示蓝色边框。此时，再次单击"隐藏/隔离图元"按钮，可以选择"重设临时隐藏/隔离"选项恢复被隐藏的图元，或选择"将隐藏/隔离应用到视图"选项，此时视图周边蓝色边框消失，将永久隐藏不可见图元，即无论任何时候，图元都将不再显示。

如图 2-37 所示，要查看项目中隐藏的图元，可以单击视图控制栏中"显示隐藏的图元"
按钮♀。Revit 将会显示彩色边框，所有被隐藏的图元均会显示为亮红色。

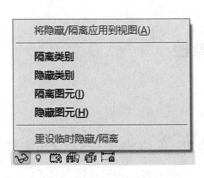

图 2-36　隐藏/隔离图元选项

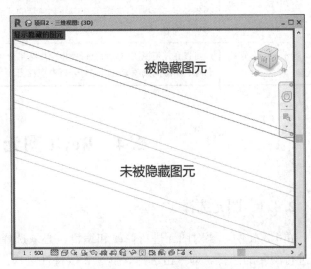

图 2-37　显示隐藏的图元

如图 2-37 所示，单击选择被隐藏的图元，单击"显示
隐藏的图元"面板中"取消隐藏图元"按钮可以恢复图元在视
图中的显示(图 2-38)。注意恢复图元显示后，务必单击"切
换显示隐藏图元模式"按钮或再次单击视图控制栏"显示隐
藏图元"按钮返回正常显示模式。也可以在选择隐藏的图元
后单击鼠标右键，在快捷菜单中选择"取消在视图中隐藏"
子菜单中的"按图元"，取消图元的隐藏。

图 2-38　切换显示隐藏图元模式

5. 其他功能

视图控制栏中的其他功能见表 2-4。

表 2-4　视图控制栏其他功能

设置功能	说明
裁剪视图、显示/隐藏裁剪区域	视图裁剪区域定义了视图中用于显示项目的范围，由"是否启用裁剪"及"是否显示裁剪区域"两个工具组成。可以单击"显示裁剪区域"按钮在视图中显示裁剪区域，再通过启用裁剪按钮将视图剪裁功能启用，通过拖曳裁剪边界，对视图进行裁剪。裁剪后，裁剪框外的图元不显示
打开/关闭日光路径、打开/关闭阴影	在视图中，可以通过打开/关闭阴影开关在视图中显示模型的光照阴影，增强模型的表现力。通过"打开/关闭阴影"按钮🔆，可以在视图中显示(或关闭)模型的光照阴影，增强模型的表现力。通过"打开/关闭日光路径"按钮🔆，在视图中显示(或关闭)光照路径，还可以通过该按钮中的"日光设置"选项，对日光进行详细设置
显示/隐藏渲染	仅三维视图才可使用。单击该按钮，将弹出"渲染"对话框，以便对渲染质量、光照等进行详细的设置

设置功能	说明
解锁/锁定三维视图	仅在三维视图中才可使用。若需要在三维视图中进行三维尺寸标注及添加文字注释信息，必须先锁定三维视图。单击该工具将创建新的锁定三维视图。锁定的三维视图不能旋转，但可以平移和缩放
显示/隐藏分析模型	可以在任何视图中显示分析模型，如结果分析模型。这是一种临时状态，并不会随项目一起保存，清除此选项则退出临时分析模型视图

2.4　Revit 图元操控

2.4.1　图元选择

在 Revit 中，要对图元进行修改和编辑，必须选择图元。在 Revit 中，可以使用 3 种方式进行图元的选择，即单击选择、框选和按特性选择。

1. 单击选择

移动鼠标光标至任意图元上，Revit 将高亮显示该图元并在状态栏中显示有关该图元的信息，单击将选择被高亮显示的图元。在选择时如果多个图元彼此重叠，可以移动鼠标光标至图元位置，循环按 Tab 键，Revit 将循环高亮预览显示各图元，当要选择的图元高亮显示后单击将选择该图元。

按 Shift+Tab 键可以按相反的顺序循环切换图元。

如图 2-39 所示，要选择多个图元，可以按住 Ctrl 键后，再次单击要添加到选择集中的图元；如果按住 Shift 键单击已选择的图元，将从选择集中取消该图元的选择。

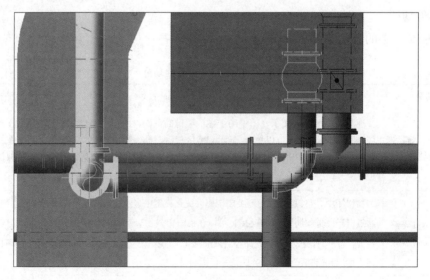

图 2-39　选择多个图元

在 Revit 中，当选择多个图元时，可以将当前选择的图元选择集进行保存，保存后的选

36

择集可以随时被调用。如图 2-40 所示，选择多个图元后，单击"选择"面板中"保存"按钮，即可弹出"保存选择"对话框，输入选择集的名称，即可保存该选择集。要想调用已保存的选择集，只需单击"管理"选项卡"选择"面板中的"载入"按钮，将弹出"恢复过滤器"对话框，在列表中选择已保存的选择集名称即可。

图 2-40 "选择"面板

2. 框选

将鼠标光标放在要选择的图元一侧，并对角拖曳鼠标光标以形成矩形边界，可以绘制选择范围框。当从左至右拖曳鼠标光标绘制范围框时，将生成实线范围框。被实线范围框全部位包围的图元才能选中；当从右至左拖曳鼠标光标绘制范围框时，将生成虚线范围框，所有被完全包围和与范围框边界相交的图元均可被选中。

选择多个图元时，在状态栏"过滤器"🔽中能查看到图元种类；或者在过滤器中，取消部分图元的选择。

3. 特性选择

单击图元，选中后高亮显示；再在图元上单击鼠标右键，选择"选择全部实例"选项，在项目或视图中选择某一图元或族类型的所有实例，如图 2-41 所示。有公共端点的图元，在连接的构件上单击鼠标右键，然后在快捷菜单中选择"选择连接的图元"，就能把这些同端点连接图元一起选中。

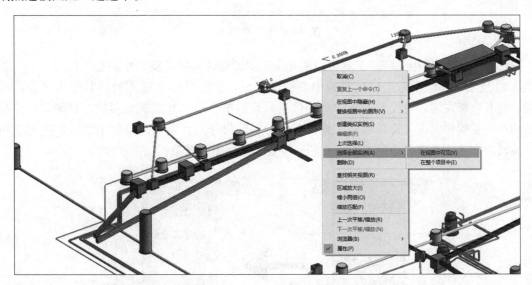

图 2-41 "选择全部实例"工具

2.4.2 图元编辑

如图 2-42 所示，在"修改"面板中，Revit 提供了"修改""移动""复制""镜像""旋转"等工具，利用这些工具可以对图元进行编辑和修改操作。

（1）移动✛：该工具能将一个或多个图元从一个位置移动到另一个位置。移动图元时必须选择一个移动基点，该基点可以选择在图元上的任意位置，也可以选择

图 2-42 图元编辑

在绘图区域的任意位置。

（2）复制 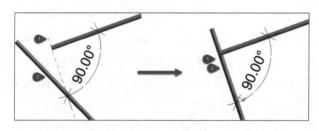 ：可复制一个或多个选定图元，并生成副本。使用"复制"工具时，可在选项栏 修改|墙 □约束 □分开 □多个 勾选"多个"复选框实现连续复制图元，否则每次只能复制出一个副本。当勾选"约束"复选框时，复制的路径将被限制在特定方向。

（3）阵列 ：用于创建一个或多个相同图元的线性阵列或半径阵列。阵列后的图元会自动成组，如果要修改阵列后的图元，需进入"编辑组"命令，然后才能对成组图元进行修改。

（4）对齐 ：将一个或多个图元与选定位置对齐。如图 2-43 所示，使用对齐工具时，要求先单击选择对齐的目标位置（编号①的参照平面），再单击选择要移动的对象图元（编号②的管道），所选择的对象将自动对齐至目标位置。对齐工具可以任意的图元或参照平面为目标，在选择墙对象图元时，还可以在选项栏中指定首选的参照墙的位置；要将多个对象对齐至目标位置，勾选选项栏中"多重对齐"复选框即可。

图 2-43 "对齐"工具

（5）旋转 ：使用"旋转"工具可使图元绕指定轴旋转。默认旋转中心位于图元中心，如图 2-44 所示，移动鼠标光标至旋转中心标记位置，按住鼠标左键不放将其拖曳至新的位置，松开鼠标左键，可设置旋转中心的位置。然后单击确定起点旋转角边，再确定终点旋转角边，就能确定图元旋转后的位置。在执行旋转命令时，勾选选项栏中"复制"复选框可在旋转时创建所选图元的副本，而在原来位置上保留原始对象。

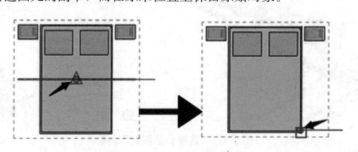

图 2-44 "旋转"工具

（6）偏移 ：使用"偏移"工具可以生成与所选择的模型线、详图线、墙或梁等图元进行复制或在与其长度垂直的方向移动指定的距离。如图 2-45 所示，可以在选项栏中指定拖曳图形方式或输入距离数值方式来偏移图元。不勾选"复制"复选框时，生成偏移后的图元将删除原图元（相当于移动图元）。

（7）在"修改"选项卡中，还提供了其他图元编辑工具，将它们的功能与操作说明总结见表 2-5。

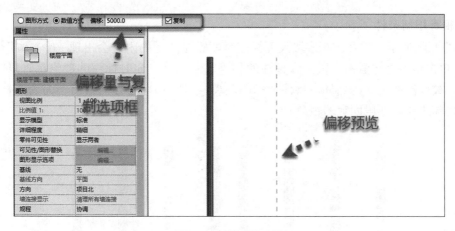

图 2-45 "偏移"工具

表 2-5 "修改"选项卡其他图元编辑工具

工具名称	说明
镜像：	"镜像"工具使用一条线作为镜像轴，对所选模型图元执行镜像（反转其位置）。确定镜像轴时，既可以拾取已有图元作为镜像轴，也可以绘制临时轴。通过选项栏，可以确定镜像操作时是否需要复制原对象
修剪和延伸：	"修剪"和"延伸"共有三个工具，从左至右分别为"修剪/延伸为角""修剪及延伸单一图元"和"修剪/延伸多个图元"工具。使用"修剪"和"延伸"工具时必须先选择修剪或延伸的目标位置，再选择要修剪或延伸的对象即可。若需要延伸多个图元至同一位置，可选择"延伸多个图元"工具，或者在选定延伸目标位置后，按 Ctrl 键并依次选择要延伸的图元对象即可
拆分：	"拆分"工具有两种使用方法，即"拆分图元"和"用间隙拆分"，通过"拆分"工具，可将图元分割为两个单独的部分，可删除两个点之间的线段，也可在两面墙之间创建定义的间隙
删除：	"删除"工具可将选定图元从绘图中删除，与按 Delete 键直接删除效果一样

2.4.3 图元限制及临时尺寸

1. 应用尺寸标注的限制条件

在放置永久性尺寸标注时，可以锁定这些尺寸标注。锁定尺寸标注时，即创建了限制条件。选择限制条件的参照时，会显示该限制条件（虚线），如图 2-46 所示。

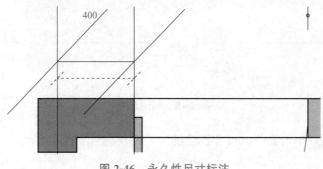

图 2-46 永久性尺寸标注

2. 相等限制条件

如图 2-47 所示，选择一个多段尺寸标注时，标注图元的附近会出现一个" "符号（①所示），单击该符号将激活多段尺寸标注的相等限制条件，同时标注的数值都将以"EQ"符号显示，被标注的图元（如墙体）将保持相等距离（②所示），若移动组内一面墙体，则所有墙体都将随之移动一段固定的距离。

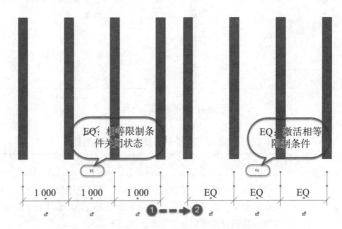

图 2-47　多段尺寸标注的相等限制条件

3. 临时尺寸

当创建或选择几何图形时，Revit 会在图元周围显示临时尺寸标注，修改尺寸上的数值，就可以修改图元位置或其他实例属性。如图 2-48 所示，绘制管道时，编号①显示的临时尺寸标注，可以直接在临时尺寸上键入长度数值（编号②），以精确创建对应长度的管道。

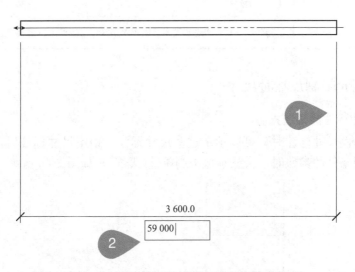

图 2-48　临时尺寸

如图 2-49 所示，单击在临时尺寸标注的尺寸标注符号 后，临时尺寸标注将变为永久尺寸标注。

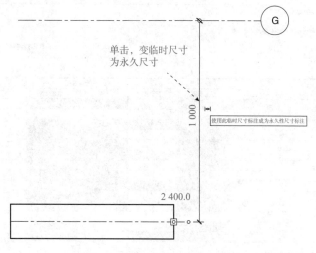

图 2-49　变临时尺寸为永久尺寸

项目小结

本项目主要介绍了 Revit 软件的专业术语、图元行为、操作界面及软件功能，主要讲解了 Revit 软件启动与创建项目文件、组织操作界面、视图控制及图元控制等软件基础操作。本项目所介绍的知识点是后续实践模块学习的基础知识。

思考与实训

一、简答题

1. Revit 软件的快捷键有哪些?

2. Revit 图元编辑的修改面板中有哪些工具?

3. 项目的视图种类有哪些?

4. 列出 Revit 软件常用快捷键。

请对本项目所学内容进行总结回顾，掌握本项目提到的 Revit 操作快捷键，要求：列出 Revit 常用的快捷键；背出 Revit 常用快捷键及基本使用方法；在自己的计算机上修改或添加 3 个快捷键。

二、实训题

1. 使用 Revit 软件，进行项目的视图控制。

使用 Revit 软件，新建一个项目文件，要求：以"管道样板"为项目创建基础样板；在 "1-卫浴"平面视图打开"可见性/图形替换"，选择管件、管道、管道附件为可见，其余为不可见，如图 2-50 所示；将文件命名为"2.4-2_项目文件"并保存。

2. 为系统样例项目添加尺寸标注。

使用 Revit 软件选择打开"系统样例项目"，要求：切换到"剖面：Main Electrical Distribution"视图；在剖面视图中为轴网和标高创建尺寸标注，如图 2-51 所示；将文件命名为"2.4-3_项目文件"并保存。

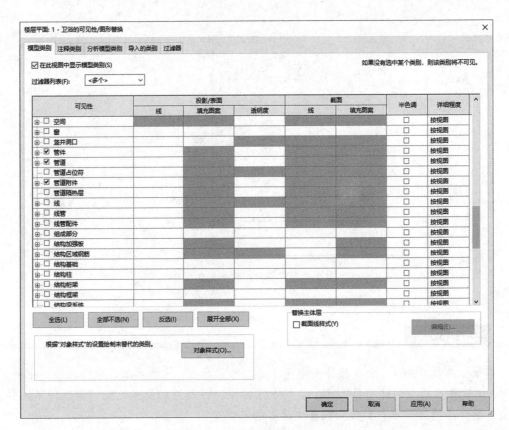

图 2-50 实训二"管道样板"项目

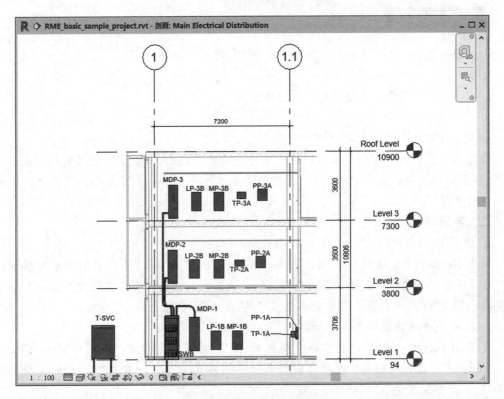

图 2-51 实训三剖面视图

项目 3

项目建模准备

教学要求

知识要点	能力要求	权重
地下管线 BIM 建模标准	理解并能正确应用 BIM 建模标准进行地下管线各专业 BIM 模型创建	30%
数据预处理	正确识读项目相关数据，并按规则对数据进行预处理	10%
新建项目	正确选择 Revit 样板文件，创建新项目文件，并保存	10%
项目环境设置	在项目文件中，正确设置项目信息、项目单位、项目基点和标高。按要求组织项目浏览器，完成项目建模准备工作	50%

任务描述

在正式开始创建项目 BIM 模型之前，必须先统一项目的建模标准和建模规则，包括专业名称缩写、模型文件命名、图元命名、模型精度、系统配色等。同一项目的各专业模型文件应采取统一的坐标系、项目基点和项目单位，才能使后续的 BIM 协同工作顺利进行。因此，在工程项目 BIM 各专业模型创建前，需先确立一个"建模样板"文件，新的 BIM 模型需在此基础上进行建模。本项目以一个建模实践案例为切入点，对地下管线 BIM 建模标准、Revit 样板文件的创建等相关内容进行介绍。

职业能力目标

(1)正确识读项目各原始数据资料，合理设定项目建模目标。

(2)熟悉地下管线 BIM 建模标准，包括精度、建模要求及模型共享等内容。

(3)掌握项目数据的预处理规则及相关操作规范。

(4)掌握地下管线 BIM 建模 Revit 样板文件的选择与建模环境设置，包括项目信息、项目单位、项目基点、标高与项目浏览器组织等操作。

典型工作任务

(1)依据提供的项目数据资料，应用地下管线 BIM 建模标准，完成 Revit 项目样板的建模环境设置。

(2)在项目文件中载入地下管线 BIM 建模相关族文件，完成项目建模准备。

市良路地下管线工程项目位于市良路局部位置，该道路为城市支路，双向 2 车道，设计时速为 20 km/h。车道宽度为 12 m，总长约为 230 m，车道两侧均有人行道，宽度约为 4.5 m。道路两侧布置有绿化，北侧布置有智慧照明路灯，道路地下埋有给水、雨水、污水、电缆、管线井等各专业地下管线及附属设施。为实现该项目地下管线系统的数字化智能运维，必须对该项目的地形及旧有地下管线进行逆向 BIM 建模。实操方法：先进行地下管线系统的探测，制作地下管线物探数据表。然后使用 BIM 建模软件，根据物探数据表进行地下管线建模，最后基于 BIM 模型进行相关应用。本书将基于该项目，进行地下管线 BIM 建模及 BIM 模型的基础应用的介绍。图 3-1 所示为实践项目 BIM 模型示意。项目 3 至项目 9 将基于同一项目（即"市良路地下管线工程项目"）进行从 BIM 建模到 BIM 模型的操作技能介绍。

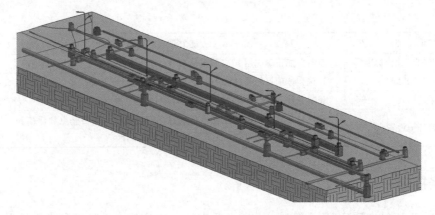

图 3-1　实践项目 BIM 模型示意

3.1　实践项目简介

3.1.1　项目概况

项目名称：市良路地下管线工程项目（以下简称实践项目）。

项目地址：××市××区市良路。

项目其他信息：该项目为市良路局部位置，该道路为城市支路，双向 2 车道，设计时速为 20 km/h。车道宽度为 12 m，总长约为 230 m，车道两侧均有人行道，宽度约为 4.5 m。道路两侧布置有绿化，北侧布置有智慧照明路灯，道路地下埋有给水、雨水、污水、电缆、管线井等各专业地下管线及附属设施。

3.1.2　项目数据

1. 物探数据

物探数据由项目委托方提供，命名为"01_地下管线物探数据表"（.xls），该文件是地下管线 BIM 建模的主要依据，如图 3-2 所示。

管 线 点 成 果 表

测区：　　　　　管线类型：给水

管线点预编号	管线点号	连接点号	埋设方式	管线材料	管径或断面尺寸Φ(mm)	管线点类别 特征	管线点类别 附属物	平面坐标(m) X	平面坐标(m) Y	高程(m) 地面	高程(m) 管(沟块)顶	高程(m) 管(沟块)内底	埋深(m)	电缆根数或总孔数/已用孔数	管孔排列(行)X列	电力电压(KV)	备注
5J236		5J237	直埋	灰口铸铁	100	拐点		2521335.75	492089.71	11.05	9.435		1.10				
		5J247	直埋	灰口铸铁	400	拐点		2521335.75	492089.71	11.05	9.435		1.10				
5J237		5J236	直埋	灰口铸铁	100	直线点	阀门井	2521344.15	492082.92	11.00	9.90		1.10				
5J247		5J236	直埋	灰口铸铁	400	三通点		2521285.08	492026.83	10.74	9.64		1.10				
		5J248	直埋	灰口铸铁	100	三通点		2521285.08	492026.83	10.74	9.64		1.10				
		5J257	直埋	灰口铸铁	400	三通点		2521285.08	492026.83	10.74	9.64		1.10				
5J248		5J247	直埋	灰口铸铁	100	拐点		2521286.71	492025.46	10.71	9.61		1.10				
		5J249	直埋	灰口铸铁	100	拐点		2521286.71	492025.46	10.71	9.61		1.10				
5J249		5J248	直埋	灰口铸铁	100	直线点	阀门井	2521285.55	492023.83	10.68	9.58		1.10				
		5J250	直埋	灰口铸铁	100	直线点	阀门井	2521285.55	492023.83	10.68	9.58		1.10				
5J250		5J249	直埋	灰口铸铁	100	直线点	消火栓	2521284.49	492022.22	10.69	9.59		1.10				
5J257		5J247	直埋	灰口铸铁	400	起始点		2521241.82	491973.60	10.65	9.55		1.10				出测区

图 3-2　物探数据表

2. 地形数据

地形数据由项目委托方提供，命名为"02-1_地形测量数据（.csv）""02-2_地形图（.dwg）"。前者是地形各测量点的坐标、高程数据集合；后者是根据测量数据绘制的地形图，如图 3-3 所示。两者均可用于实践项目地表 BIM 模型创建。

位置 X	位置 Y	位置 Z
491922.9968	2521245.228	10.3366
491930.3653	2521250.352	10.356
491939.1878	2521260.003	10.3895
491939.9971	2521250.23	10.3243
491945.9707	2521242.722	10.2435
491946.5889	2521244.266	10.152
491949.1421	2521238.297	10.077
491951.6678	2521246.922	10.3082
491952.8326	2521246.804	10.22
491952.9125	2521251.85	10.056
491955.392	2521269.615	10.5117
491955.7813	2521242.742	10.108
491957.97	2521248.872	10.145
491960.6671	2521240.802	10.1
491963.58	2521259.003	10.2509

知识拓展：revit 与 cad 坐标轴"X""Y"互为相反，所以测绘时 cad 的坐标"X""Y"对应值与 Revit 中的东距（E）"Y"值、北距（N）"X"值。

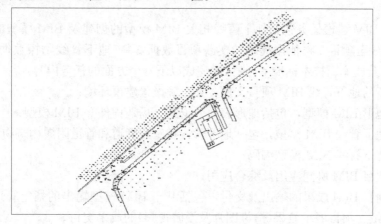

图 3-3　地形测量数据及地形图示意

3. BIM 项目样板及族库

Revit 项目样板文件及族库文件由 BIM 建模团队创建。"03_地下管线实践项目 BIM 样板（＊.rte）"项目样板文件预设定了地下管线实践项目 BIM 建模所需的族文件、图元样式、视图样板等基础内容，如图 3-4 所示，将以其为创建项目基础进行建模实践。

图 3-4　项目 BIM 样板示意

4. 地下管线行业 BIM 建模标准文件

《地下管线建筑信息模型 BIM 技术规程》（T/CAS 657—2022），是地下管线行业当前唯一针对 BIM 建模的技术标准，也是本书依据的主要标准。

3.2　项目建模任务

地下管线 BIM 建模任务包括地下管线相关 BIM 模型的创建及 BIM 模型的应用两个部分。本书项目 3 至项目 9 将依据提供的实践项目数据资料（地下管线物探数据、地形数据、BIM 样板文件及族库、技术标准等）来依次完成以下六个方面的任务内容：

（1）创建新的地下管线 BIM 项目文件，并正确设置建模环境；

（2）创建地形 BIM 模型，包括地形表面、道路、场地构件等 BIM 模型；

（3）创建地下管线 BIM 模型，包括地下管线各专业管道和管道附属构筑物；

（4）完成地下管线 BIM 模型编码；

（5）掌握项目 BIM 协同应用及综合应用；

（6）完成项目 BIM 成果的输出及交付，包括基于 BIM 模型输出的指定管道工程量、地下管线综合图纸、项目展示效果（渲染图片及漫游视频）的成果交付。

其中，设置建模环境任务将在本项目 3.4 进行介绍。

3.3 地下管线 BIM 建模标准

统一的 BIM 建模标准，是 BIM 团队规范项目 BIM 模型建立及交付的前提。因此，在实践项目 BIM 建模工作开展前，需先针对性地统一规定 BIM 建模标准，其包括"建模要求"及"模型精度要求"两个方面内容。"建模要求"是针对建模工作的一般原则，"模型精度要求"是针对 BIM 模型几何深度（如尺寸、外观形状等）和非几何信息深度（如系统属性、信息编码等）的规定。

1. 建模要求

（1）地下管线 BIM 模型应包含地下管线和管道附属构筑物三维空间模型，模型应准确、真实地反映管段、设备、设施、配件、辅助等单元的设计尺寸。

（2）模型创建时应确定模型基点位置，不同来源的模型应采用同一空间基点及参照关系。

（3）模型应采用公制单位，以"米"为单位的标注应保留小数点后三位，以"毫米"为单位的标注应为整数。

（4）地下管线 BIM 模型应以不同的颜色、不同命名规则区分地下管线的类型。

（5）模型之间的关联、包含和连通关系应符合空间拓扑要求，宜与地面模型关系协调一致。

（6）地下管线 BIM 模型应根据地下管线、管道附属构筑物属性规则添加相应的属性数据；地下管线 BIM 模型应具备参数化、编辑、测量等功能，并能够与其他专业信息模型、分析计算软件实现数据交换。

2. 模型精度

模型精度（Level Of Details/Level of Development，LOD）是指模型空间数据和属性数据的详细程度。按技术规程规定，模型精度宜分为 L100、L200、L300 三个等级，分别对应初步设计、施工图设计及施工阶段和运维阶段。各模型精度等级的模型空间数据要求及模型属性数据要求，见表 3-1、表 3-2。

表 3-1　地下管线 BIM 模型空间表达精细度分级要求

几何表达精细度等级	等级代号	空间表达精细度等级要求	应用阶段
一级	L100	地下管线干管的位置、形状、走向和尺寸	初步设计
二级	L200	1. 地下管线干管及支管的位置、形状、走向和尺寸。 2. 地下管线干管附属物的位置、形状和尺寸	施工图设计
三级	L300	1. 地下管线干管及支管的位置、形状、走向和尺寸。 2. 地下管线干管及支管附属物的位置、形状和尺寸	施工阶段、运维阶段

针对实践项目的需求及实际情况，对其地下管线 BIM 模型精度要求如下：

（1）实践项目采用 L300 精度等级进行建模，即适用于项目施工阶段的深度。

（2）地下管线的空间信息，必须包含管线形状、截面尺寸、坐标和管线连接逻辑关系，以及附属构筑物空间信息。

表 3-2   地下管线 BIM 模型信息深度分级要求

模型对象		属性项目	信息深度等级		
			一级	二级	三级
地下管线模型对象	空间信息	连接逻辑关系	▲	▲	▲
		管线坐标	▲	▲	▲
		附属物空间信息	△	▲	▲
	属性信息	管段属性信息	▲	▲	▲
		管线分类颜色编码	▲	▲	▲
		模型信息分类编码	▲	▲	▲
		数据来源	▲	▲	▲
		压力、电压分类	▲	▲	▲
		材质属性	△	▲	▲
		管线状态	△	△	▲
		施工方式	△	△	▲
		附属物属性信息	△	△	▲
		建设年月	△	△	▲

注：▲表示应提供的属性数据，△表示有条件时可提供。

（3）地下管线的属性信息，必须包含管线种类（正确的系统类型）、材质属性，以及模型信息编码。

> 📖 **知识拓展**
>
> 关于地下管线 BIM 建模标准与数据预处理
>
> ①上述地下管线 BIM 建模标准，针对实践项目所涉及专业的建模内容进行了精简化，读者可根据学习需要，查阅《地下管线建筑信息模型 BIM 技术规程》（T/CAS 657—2022）。
>
> ②了解项目数据预处理：在开展地下管线 BIM 模型工作之前，为保证生成 BIM 模型的正确性与准确性，必须确保原始管线数据的关键属性（如起点标高、终点标高、材质等）的完备性、正确性与准确性。因此，需要提前对相关原始数据进行清理、数据检查与补充、数据转换、数据标准化等一系列的数据处理工作。本书所提供的原始数据文件均依据有关标准及实践教学需要进行预处理。读者也可以查阅配套的技术规程进一步了解项目数据预处理的规定。接下来，将在地下管线 BIM 建模实践中深化对建模标准的理解并提升标准应用能力。

3.4   建模环境设置

建模环境的正确设置，将影响 BIM 建模数据的准确性和实践操作的便捷性，下面将通过 3 个实践任务来完成实践项目 BIM 建模环境的设置。其流程如图 3-5 所示。

图 3-5　BIM 建模环境设置流程

3.4.1　项目信息与单位设置

1. 项目信息设置

（1）使用 Revit 2022 软件，打开"B-资料/01 原始数据/03 地下管线实践项目 BIM 样板"样板文件。

（2）单击"管理"选项卡"设置"面板中的"项目信息"按钮，如图 3-6 所示，弹出"项目信息"对话框，为项目设置"项目地址"和"项目名称"两个项目信息。

图 3-6　项目信息设置

2. 项目单位设置

(1)单击"管理"选项卡"设置"面板中的"项目单位"按钮，弹出"项目单位"对话框，如图 3-7 所示。

图 3-7　打开项目单位设置

(2)将规程设置为"公共"，然后单击"长度"的格式设置按钮，在弹出的"格式"对话框中将"单位"设置为"米"，"舍入"设置为"3 个小数位"。其他项目单位采用默认值，如图 3-8 所示。

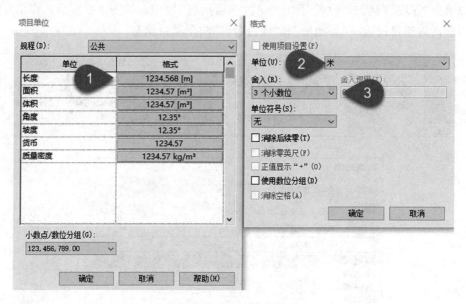

图 3-8　设置长度单位格式

> ⚙ **提示**
>
> Revit 项目文件在默认状态下的长度单位为"毫米"，且不保留小数位。根据 BIM 建模标准规定，模型应采用公制单位，以"米"为单位的标注应保留小数点后三位，以"毫米"为单位的标注应为整数"。依据实际情况，以"毫米"为长度单位适用于建筑工程项目，而地下管线等市政工程项目常以"米"为单位，本地下管线实践项目也是以"米"为长度单位。

3.4.2　项目基准设置

实践项目将按"项目基点"→"测量点"→"标高"三个实操步骤完成基准设置。项目基点"⊗"定义了项目坐标系的原点(0，0，0)，使用项目基点作为参考点可在场地中进行测量；

测量点"△"代表了现实世界已知的坐标点，其设定一方面可用于已知点的放样定位；另一方面可用于建筑物方向定位，如图3-9所示。

"标高"可确定项目中各个图元的高程（绝对高程或相对高程均可），在实践项目样板文件中，已经建立了±0.000标高，并将其命名为"地下管线BIM建模平面"。上述三个设置共同确定了实践项目各图元的地理坐标属性及空间定位。

1. 项目基点设置

(1)在"项目浏览器"中，打开"视图（全部）"→"楼层平面"，在下拉菜单中选择"地下管线BIM建模平面"视图，双击将其打开，如图3-10所示。

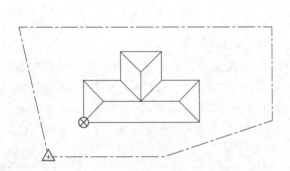

图3-9 项目基点与测量点共同定义了建筑物的平面位置　　　　图3-10 打开视图

(2)在当前视图中的绘图区域，选择项目基点"⊗"，在"属性"面板中，将其"南/北""东/西"的坐标数据分别设置为"2521212.5852""491975.8477"，其他标识数据信息采用默认数据。特别要注意，设置"项目基点"时其剪裁状态"╏"必须打开，如图3-11所示。

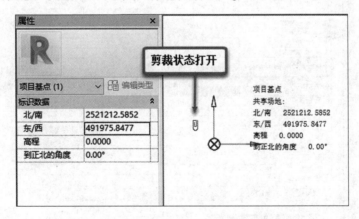

图3-11 项目基点设置

2. 测量点设置

在当前视图的绘图区域中，选择测量点"△"，先单击其剪裁状态"╏"将其关闭（与项目基点的设置相反，应特别注意），接着在"属性"面板中将其"南/北""东/西"的坐标数据分别设置为"2521245.2282""491922.9968"，其他标识数据信息采用默认数据，如图3-12所示。

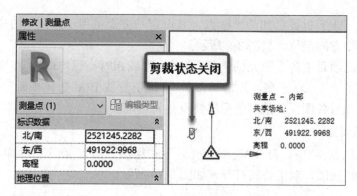

图 3-12　测量点设置

标高的设置与绘制

①项目基点与测量点在项目样板文件中默认设置为±0.000 标高，且为隐藏状态。可以通过以下操作将它们显示出来：单击当前视图"属性"面板中的"可见性/图形替换"后的"编辑"按钮，在弹出的"楼层平面：地下管线 BIM 建模平面的可见性/图形替换"对话框中选择"模型类别"选项卡勾选"场地"下拉菜单中的"项目基点"与"测量点"复选框，如图 3-13 所示。

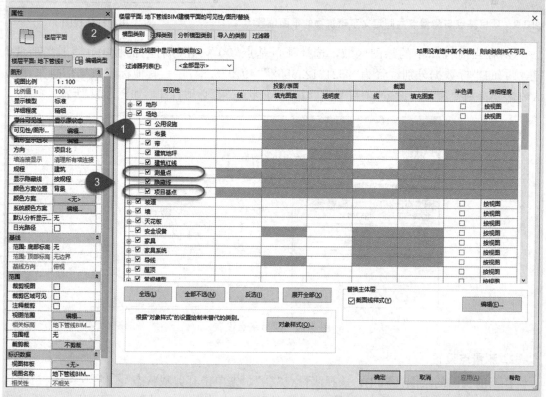

图 3-13　显示项目基点与测量点

②Revit 标高的创建只能在立面视图中进行，标高的创建操作如下：打开任意立面视图，在"建筑"选项卡或"结构"选项卡的"基准"面板中选择"标高"工具，在绘图区域进行标高绘制，如图 3-14 所示。

图 3-14　创建项目标高

3.4.3　应用视图样板

"视图样板"是一系列视图属性，如视图比例、规程、详细程度及可见性的设置。可以利用"视图样板"对项目视图进行标准化。Reivt 提供了多种视图样板，也可以根据需要自定义视图样板。本实践任务所使用的项目样板文件，预设了"地下管线建模平面"视图样板，通过以下操作将其应用到建模平面中：

选择"地下管线 BIM 建模平面"视图，在其"属性"面板中单击"视图样板"后的按钮，弹出"指定视图样板"对话框，选择"名称"为"地下管线建模平面"的视图样板，单击"确定"按钮将其应用给当前选择视图，如图 3-15 所示。

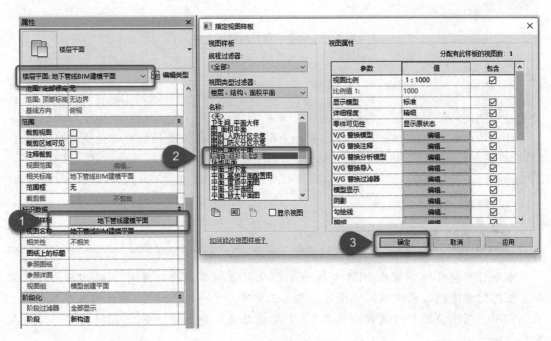

图 3-15　指定视图样板

完成文件项目信息与单位设置、项目基准设置、应用视图样板任务之后，也就完成了实践项目 BIM 建模环境的设置。接下来必须进行样板文件保存，为后续建模模块做准备，操作如下：执行"文件"→"另存为"命令，选择"样板"选项，在弹出的"另存为"对话框中选择样板文件保存的路径，将文件命名为"地下管线实践项目_BIM 样板"，以"＊.rte"格式保存，如图 3-16 所示。

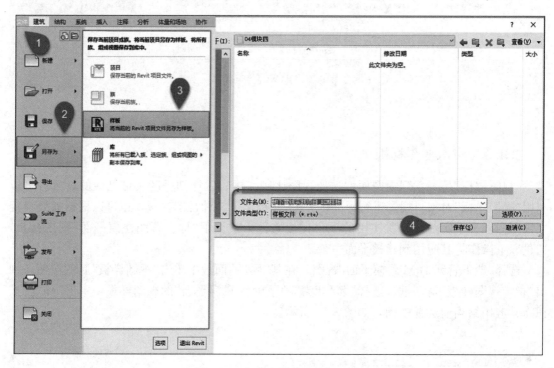

图 3-16　保存设置好的样板文件

提示

Revit 样板文件，无法直接保存/另存为项目文件。样板文件的所有预设标准及内容只能通过以该样板作为创建新项目基础被沿用。

项目小结

本项目对教材地下管线 BIM 建模的实践项目进行了简介，并对 BIM 建模任务、目标、依据的标准，以及建模环境设置等准备工作进行了介绍。通过"项目信息与项目单位设置""项目基准设置""应用视图样板"三个实践任务，完成地下管线 BIM 建模环境设置的软件操作。

一、选择题

1. 每个 Revit 项目文件最多可包含(　　)项目基点及(　　)个测量点。

  A. 1；1   B. 1；3   C. 2；1   D. 2；2

2. 在项目浏览器中选择了多个视图并单击鼠标右键，则可以同时对所有所选视图进行操作的是(　　)。

  A. 应用视图样板   B. 删除   C. 修改视图属性   D. 以上皆可

3. 可通过类型属性修改标高(　　)。(多选)

  A. 线宽   B. 线型图案   C. 高度   D. 以上皆可

二、简答题

在 Revit 中，测量点与项目基点的剪裁状态有何作用？

项目 4

创建项目地表 BIM 模型

教学要求

知识要点	能力要求	权重
外部数据的导入使用	掌握地形高程点数据文件导入、".dwg"格式地形图链接操作	10%
地表 BIM 模型创建	掌握放置点、选择导入实例、指定点文件三种模型创建方法	60%
地表 BIM 模型修改	掌握各类场地修改工具的使用方法	20%
场地构件布置	掌握场地构件布置方法	10%

任务描述

旧有地下管线的维护、迁动，或新建地下管线规划、设计，均需结合项目场地复杂地形和周边环境进行方案的优化设计与论证，对项目地表环境进行 BIM 建模可极大提升设计方案修改与论证的效率。本项目将使用测量外业采集的地形数据创建项目地表 BIM 模型，并根据要求对地表 BIM 模型进行修改完善，包括建筑红线绘制、表面的拆分与合并、土方平整等操作，为后续讲解项目协同、管线综合提供预备知识。

职业能力目标

(1)掌握外部数据的导入及使用，包括地形高程点数据文件、".dwg"格式地形图链接等。

(2)掌握地表 BIM 模型创建的指定点文件、选择导入实例和放置点三种方法。

(3)掌握修改场地工具的使用。

(4)掌握布置场地构件的方法。

典型工作任务

分别通过"指定点文件""选择导入实例"和"放置点"工具搭建地形表面模型。

根据地形图对地表 BIM 模型进行道路创建、场地修改和场地构件布置等修改完善工作。

同项目 3【案例引入】。

项目成果展示如图 4-1 所示。

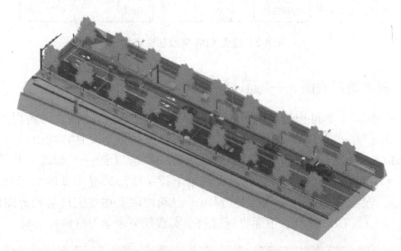

图 4-1　项目成果展示——地表 BIM 模型(渲染效果图)

4.1　创建项目地形表面

地形表面数据是地下管线设计、施工和运维的基础，其涉及的要素包括地表标高、坡度、边界、用地红线、地貌、植被、地坪、场地道路等，这些要素都会在很大程度上影响管线的埋深、分布和走向，因此，将这些地形表面数据进行汇总和分析，形成地表 BIM 模型，将有利于地下管线各类管道的设计施工方案的优化和论证。

Revit 提供了两种创建地表 BIM 模型的工具，分别是"放置点"工具与"通过导入创建"工具。其中，"通过导入创建"又可分为"指定点文件"和"选择导入实例"两种导入方式。在实际 BIM 工作中，仅使用"放置点"工具或"通过导入创建"工具难以保证项目地形原始数据导入建模软件后的完整性和准确性，通常需要结合两种方式进行地表 BIM 模型的创建，因此，两种建模方法都需要掌握。在本实践任务中，将采用"通过导入创建"工具创建地表 BIM 模型，而"放置点"工具将作为拓展知识介绍，它们之间的区别见表 4-1。

表 4-1　两种创建地表 BIM 模型工具的对比

创建方式		适用场景	前置条件
放置点	参照外部数据手动放置地形坐标点来创建地表 BIM 模型	地势平坦的小区域项目地形	满足适用场景即可
通过导入创建	"选择导入实例"工具； "指定点文件"工具； 导入后自动生成地表 BIM 模型	地势起伏大(如山区)、区域广阔的地形	外部数据必须满足软件要求格式且完备无误

如图 4-2 所示，创建实践项目地表 BIM 模型的工作流程：新建地形项目文件→导入地形外部数据(二维地形图或地形测量数据)→根据外部数据创建地表 BIM 模型："放置点"/"通过导入外部数据"创建→修正地表 BIM 模型→保存地表 BIM 模型文件。

图 4-2　地表 BIM 模型创建流程

4.1.1　创建地形表面——"通过导入创建"

"通过导入创建"工具可识别两种外部数据，一种是"＊.csv"格式的高程点数据文件；另一种是"＊.dwg"格式的 CAD 地形图文件，这两种原始数据文件，均由项目委托方提供给 BIM 实施团队。如图 4-3 所示，当进入地形表面编辑选项卡——"修改｜编辑表面"上下文选项卡中，单击"通过导入创建"按钮时，将以下拉菜单形式显示其两个子命令，分别是"选择导入实例"与"指定点文件"，它们分别用于自动读取上述点文件与地形图两种外部数据，并以此创建地表 BIM 模型。下面将通过两个实践任务来学习这两种工具。

图 4-3　"通过导入创建"工具

1.［任务一］使用"指定点文件"工具创建地形表面

(1)本任务将采用"通过导入创建"工具中的"指定点文件"创建地表 BIM 模型。首先，按照 3.4 创建 BIM 样板文件"地下管线实践项目_BIM 样板(.rte)"，打开 Revit 软件，以该样板文件为基础创建新项目文件。操作步骤为执行"文件"选项卡→"新建"→"项目"命令→在弹出的"新建项目"对话框中单击"浏览"按钮→在弹出的"选择样板"对话框中选择"地下管线实践项目_BIM 样板(.rte)"→单击"确定"按钮返回"新建项目"对话框→选择新建"项目"→单击"确定"按钮→完成项目新建，如图 4-4 和图 4-5 所示。

(2)完成地表 BIM 项目新建后，将原始地形测量数据"02-1_地形测量数据(＊.csv)"(该文件来源为 3.1.2 项目数据)导入该新建项目，并将其数据单位统一设置为"米"，即可自动生成地表 BIM 模型。其具体步骤为打开"地下管线 BIM 建模平面"，进入"体量和场地"选项卡→单击"场地建模"面板中"地形表面"按钮(图 4-6)→进入"修改｜编辑表面"上下文选项卡→打开"通过导入创建"下拉菜单→单击"指定点文件"→在弹出的"选择文件"对话框中选择"配套资料/原始数据/02-1_地形测量数据(.csv)"地形测量点数据文件并单击"打开"按钮→在弹出的"格式"对话框中将单位设置为"米"后单击"确定"按钮(图 4-7)→单击"完成表面"按钮 ✔ 完成地表 BIM 模型创建(图 4-8)。

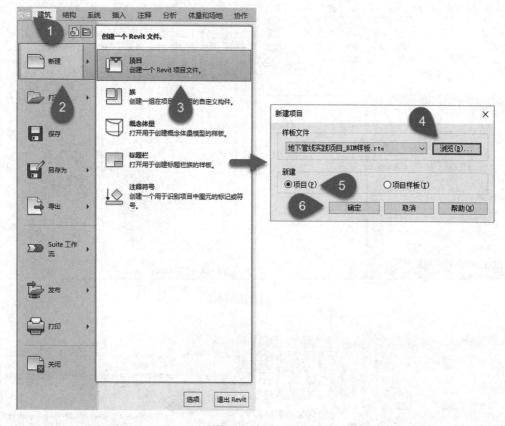

图 4-4　新建项目

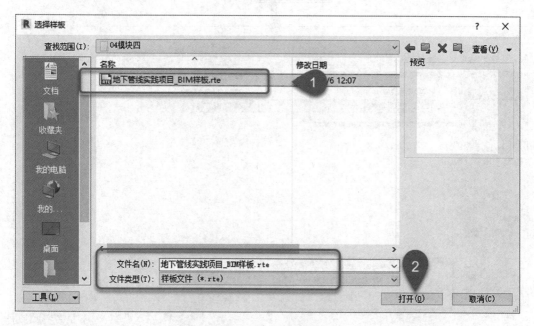

图 4-5　浏览并选择项目样板

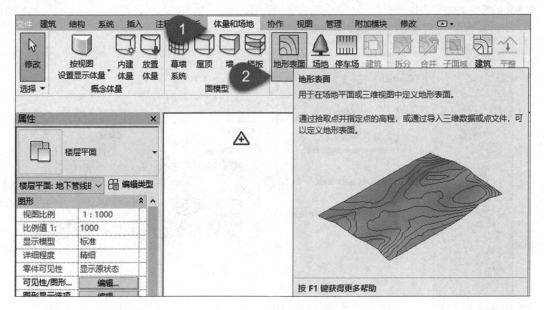

图 4-6　创建地形表面

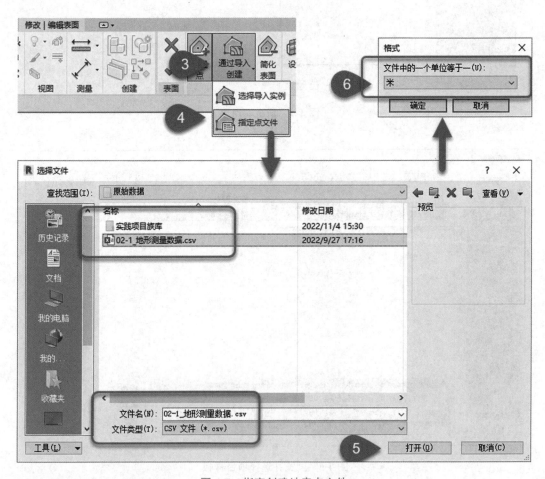

图 4-7　指定创建地表点文件

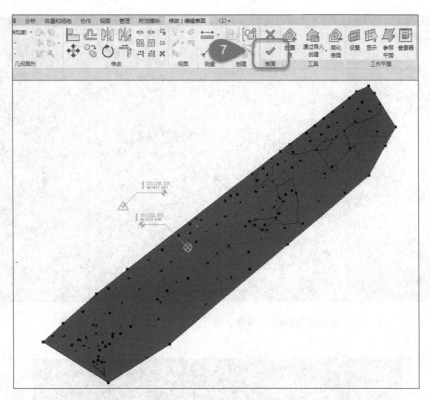

图 4-8　完成地形表面创建

（3）通过"另存为"方式，将地表 BIM 模型文件命名为"地下管线实践项目_地表 BIM 模型（.rvt）"保存。

2. ［任务二］使用"选择导入实例"工具创建地形表面

"选择导入实例"工具创建地形表面，必须先将相应的 CAD 实例文件导入。

知识拓展

导入的 CAD 实例文件有以下要求：

（1）格式为 DWG、DXF 或 DGN 的图形文件，该工具只能识别以上三种格式的 CAD 图形文件。

（2）图形文件必须具有等高线数据，每条等高线放置在正确的"Z"坐标值（即高程数据）位置；或者具有可识别高程数据的高程点。如图 4-9 所示，虽然图形文件具有等高线，但是所有等高线的"Z"坐标值都是"0"，与附近标注的高程值不匹配，因此，Revit 无法读取该文件的高程数据；如图 4-10 所示，图形的高程点"Z"坐标值与其标注的高程值也不匹配，同样无法正确创建地形表面。因此，在导入 CAD 实例之前必须先对其等高线或高程点数据进行查验。

（3）将 CAD 文件导入 Revit 时，请勿选择"仅当前视图"选项。

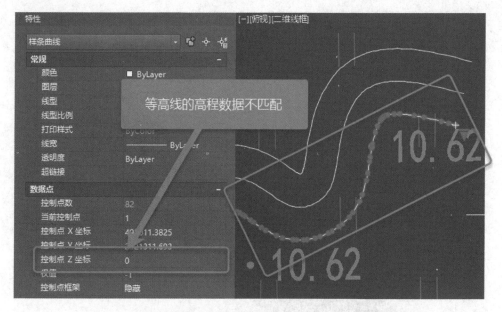

图 4-9　等高线高程数据错误，或不具备高程数据（即"**Z**"坐标值）

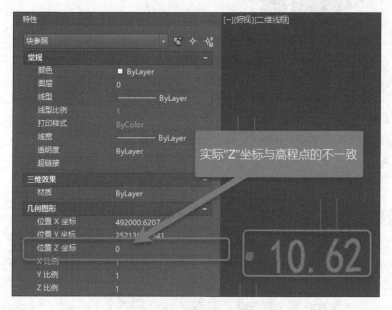

图 4-10　高程点数据错误

（1）导入 CAD 实例。经外业测量获得"配套资料/原始数据/02-2_地形图"CAD 文件。打开［任务一］创建的 BIM 模型文件"地下管线实践项目_地表 BIM 模型（.rvt）"，在"地下管线 BIM 建模平面"视图中，单击"插入"选项卡"导入"面板中的"导入 CAD"按钮→在弹出的"导入 CAD 格式"对话框中，选择"配套资料/原始数据/02-2_地形图（.dwg）"CAD 文件→不要勾选"仅当前视图（U）"复选框，将"导入单位"设置为"米"，"定位"设置为"手动-中心"→单击"打开"按钮，之后 Revit 将自动跳转至绘图区域，可进行 CAD 实例的放置。在绘图区域任意位置单击以确定实例导入位置，这样就完成了 CAD 实例的导入，如图 4-11 所示。

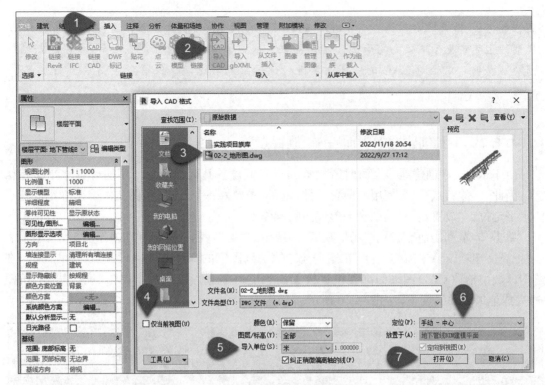

图 4-11　导入 CAD 实例

（2）创建地表 BIM 模型。在完成了 CAD 实例的导入后，单击"修改｜编辑表面"上下文选项卡"工具"面板"通过导入创建"下拉菜单中的"选择导入实例"→在弹出的对话框中单击选择导入的 CAD 文件，Revit 将弹出"从所选图层添加点"对话框，在该对话框中勾选高程点图层"gcd"，单击"确定"按钮，Revit 将自动生成地形表面，如图 4-12 所示，地形表面创建完成后，单击"完成表面"按钮 ✔ 完成地表 BIM 模型创建。

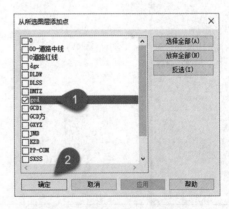

图 4-12　选择"gcd"高程点数据图层

⟳ 提示

　　"从所选图层添加点"对话框在默认情况下将选择 CAD 实例文件中所有的图层，为精准创建地形表面，只需选择高程点或等高线所在的图层，取消其他不相关图层的选择。

　　Revit 软件通过读取 CAD 文件中各类图元的高程数据（即"Z"坐标值）以生成高低起伏的三维地形表面。高程点数据是由测量员通过外业测量得到的地形数据。因此，只勾选高程点图层，就是将测量的数据还原，创建的地表 BIM 模型也会更加准确。CAD 文件中的其他图层，如道路中线是由测量内业人员根据外业数据进行绘制所得，一旦导入 BIM 模型将增加后期绘制的人为误差。同时，后期绘制的图元（如道路边界线、中心线等）没有高程数据(或者高程数值为0)，但它们的数据也会被Revit软件读取，这样就对地表BIM模型的生成产生了不必要的干扰因素，甚至造成极大偏差。因此，在实际项目生成地表BIM模型时，都会对CAD文件各图层进行选择性的勾选，仅仅留下等高线与高程点等数据。

4.1.2　工具创建地形表面——"放置点"

由于Revit在创建地形表面时所放置的点只能设置其高程信息，不能设置水平坐标信息，因此，"放置点"工具使用的前置条件，也是先导入一个CAD实例文件用以确定放置点的水平定位。"放置点"工具创建地形表面的操作如下：

单击"体量和场地"选项卡"场地建模"面板中的"地形表面"按钮→切换至"修改｜编辑表面"上下文选项卡→单击"放置点"按钮→根据CAD图纸的高程点数值设置点"高程"值→在绘图区域中拾取CAD图纸的高程位置放置高程点→放置点完成后，单击"完成表面"按钮✔完成地形表面的创建，如图4-13所示。

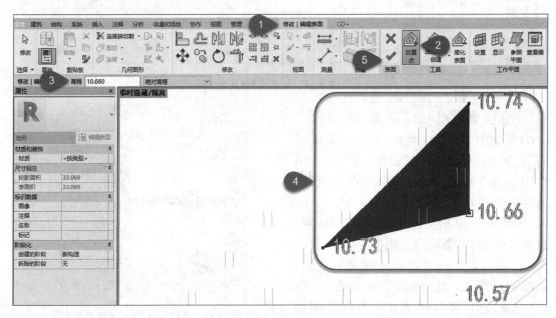

图4-13　放置点生成地形表面

> **提示**
>
> 在绘图区域放置3个及以上的高程点就会生成地形表面(图4-13所示的步骤④)。要保证地表BIM模型的准确性，图纸中所示的每个高程点均须进行放置，在建模时，也可先把点的位置全部放置完毕，然后再选中点对其高程值进行修改，以增加建模效率。

4.2 修改场地

Revit"场地"是指一个工程建设项目的地形表面、建筑红线、建筑地坪及场地构件的集合。Revit 提供了"修改场地"功能面板,该面板集成了"拆分表面""合并表面""子面域""建筑红线""标记等高线"等用于修改、完善场地设计建模的工具,它们的功能总结见表 4-2。

表 4-2 修改场地工具的功能

工具名称	工具功能	提示
拆分表面、合并表面	"拆分表面"为将一个地形表面拆分成两个不同表面以进行独立编辑;"合并表面"为将两个独立地形表面合并为一个表面进行编辑	拆分成的独立表面数量和进行合并的独立表面数量都只能是两个
子面域	在地形表面上定义一个面积,可对其属性进行编辑,如材质、颜色、功能	子面域仍属于原表面,不会生成一个独立的表面
建筑红线	创建项目建筑红线	—
标记等高线	显示等高线高程	—

4.2.1 链接 CAD 与管理链接

在使用上述工具进行场地修改之前,须将修改所依据的外部数据导入 Revit 项目文件中,如项目地形 CAD 图纸。4.1.1 介绍了"导入 CAD"工具的操作步骤,本节将介绍另外一个外部数据使用命令——"链接 CAD"工具。与"导入 CAD"命令不同的是,"链接 CAD"不会直接导入 CAD 的矢量数据,而是保持 CAD 文件和 Revit 模型之间的链接关系。每次打开模型时,Revit 可以获取保存链接文件的最新版本,并将其显示在 BIM 模型中。对该链接文件进行的所有修改都可以显示在模型文件中。如果在模型打开期间修改了链接文件,只需要单击"重新载入"按钮,即可以获取最新的修改。这种获取对 CAD 文件最新修改的功能就是链接和导入之间的区别。

1. 链接 CAD

"链接 CAD"工具的使用方法:单击"插入"选项卡"链接"面板中的"链接 CAD"按钮,在弹出的"链接 CAD 格式"对话框中选择所需的文件,并指定所需的链接选项,单击"打开"按钮即可完成 CAD 文件的链接。此命令的操作方法与导入 CAD 一致。关于链接选项,应关注其设置带来的影响(图 4-14)。

(1)仅当前视图:勾选"仅当前视图"复选框,链接的 CAD 文件将只在当前视图出现,并且可以切换成视图的前景或背景("前景"是指将该 CAD 图像置于所有图元之上;"背景"则是将其置于最底层);反之,则在所有视图均可见且不可切换前景/背景。

(2)颜色:CAD 文件链接到 Revit 视图中的颜色设置,可以保留 CAD 文件原设置的图层颜色,或选择黑白显示。

(3)图层/标高:设置需要导入的图层或标高。

(4)导入单位:CAD 文件链接到 Revit 视图中显示的长度单位。这里应特别注意,"导入单位"的默认值是"自动检测"，要根据 CAD 文件的制度单位来选择导入单位，如制度单位采用的是"毫米"，那导入单位对应选择"毫米"。

（5）定位：CAD 文件链接到的 Revit 视图中的位置的设置，可根据需要选择手动放置文件或自动设置。

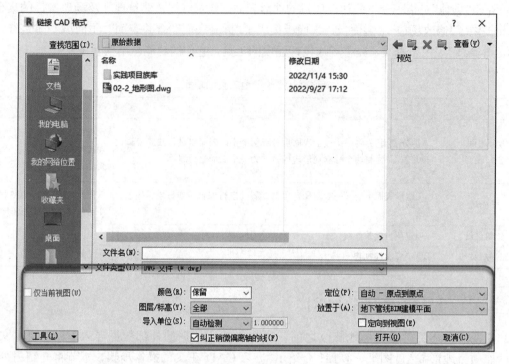

图 4-14　链接选项

2. 管理链接

Revit 提供了"管理链接"工具，可以对已链接的"Revit 模型""IFC 链接""CAD 格式""DWF 标记"和"点云"等格式的文件进行管理，如图 4-15 所示。

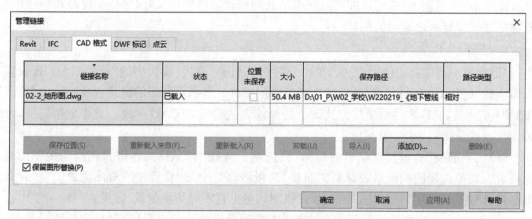

图 4-15　链接管理对话框

在图 4-15 所示的对话框中，按 Ctrl 键并单击链接编号，可以选择多个要修改的链接，并可以使用以下命令：

（1）保存位置：保存链接实例的位置。

（2）重新载入位置：更改链接的路径（如果链接文件已被移动）。

（3）重新载入：载入最新版本的链接文件，也可以关闭项目并重新打开它，链接文件将被重新载入。

（4）卸载：删除项目中链接文件的显示，但继续保留链接。

（5）导入：将文件嵌入到项目中，此选项不适用于 Revit 模型。

（6）添加：链接"Revit 模型""IFC 文件""CAD 文件"或"点云"至项目，并在当前视图中放置实例。

（7）删除：从项目中删除链接文件，链接只能通过将其插入为新链接来恢复。

（8）保留图形替换：重新载入链接时，保留 DWG、DXF 和 DGN 链接上的任何图形替换。

（9）"路径类型"下拉列表：用于指定模型的文件路径是"相对"路径还是"绝对"路径，默认值为"相对"路径。

📖 **知识拓展**

在 Revit"链接管理"对话框中，"Revit 模型"是指由 Revit 创建的 BIM 模型项目文件（"＊.rvt"格式）；"CAD 格式"即"＊.dwg"格式的 CAD 图形文件；"DWF 标记"文件是由 Revit 图纸视图导出的文件。在创建施工图文档时，典型的工作流程是打印出图纸、由项目建筑师或其他专业人员进行查看和标记，然后将其返回给图纸创建者，以便按要求进行修改，"DWF 标记"文件就相当于该流程中打印出的图纸。"IFC"文件是一种开放的、非专有的文件格式，国际标准 ISO16739 可应用于设计、施工、运行和维护阶段。使用"IFC"文件可对不同软件商开发的各种绘图程序之间进行交换和共享数据，而无须它们支持本机（专有）文件。

"点云"是一个数据集，数据集中的每个点代表一组 X、Y、Z 几何坐标和一个强度值，这个强度值根据物体表面反射率记录返回信号的强度。当这些点组合在一起时，就会形成一个"点云"，即空间中代表 3D 形状或对象的数据点集合。"点云"也可以自动上色，以实现更真实的可视化。图 4-16 所示为某工作室的点云模型。

图 4-16　某工作室的点云模型

4.2.2 修改场地模型

[任务三]完成场地模型修改

(1)打开[任务一]创建的"地下管线实践项目_地表 BIM 模型(.rvt)"模型文件。

(2)在"地下管线 BIM 建模平面"中链接"配套资料/原始数据/02-2_地形图"CAD 文件"，分别以地形图左下角高程点"10.11"与右下角高程点"10.34"为项目基点与测量点，与 Revit 项目中的项目基点与测量点对齐。

(3)使用"拆分表面"工具拆分绿地。

> 📖 知识拓展
>
> **DWG、DXF 和 DGN 格式简介**
>
> DWG 文件格式：AutoCAD 系统中的 CAD 图纸文件格式。AutoCAD(Auto Computer Aided Design)是美国 Autodesk 公司首次于 1982 年生产的自动计算机辅助设计软件，用于二维绘图、详细绘制、设计文档和基本三维设计，目前为国际上广为流行的绘图工具，DWG 文件格式是 AutoCAD 为二维绘图创建的一种标准格式，是 CAD 绘图专用的文件格式。
>
> DXF 文件格式：DXF 是 Autodesk 公司开发的用于 AutoCAD 与其他软件之间进行 CAD 数据交换的文件格式，是一种开放的矢量数据格式。由于 AutoCAD 是全球应用最为广泛的二维绘图软件，DXF 也被广泛使用，成为事实上的标准二维绘图格式之一。绝大多数二维和三维工程绘图软件都能读入或输出 DXF 格式文件。
>
> DGN 文件格式：DGN 文件是由建筑绘图软件 MicroStation 创建的 2D 或 3D 工程绘图文件。DGN 文件有两种格式，一种是基于 Intergraph 标准文件格式(ISFF)；另一种是较新的 V8 DGN 标准。DGN 文件通常用于保存公路、桥梁、建筑物等建设项目的设计图纸。DGN 文件格式在使用上不如 Autodesk 的 DWG 文件格式那样广泛，但在如建筑、高速路、桥梁、工厂设计、船舶制造等许多大型工程上更为常用。

如图 4-17 所示，单击"体量与场地"选项卡"修改场地"面板中的"拆分表面"按钮→选择绘图区域中已创建的地形表面→进入"修改 | 拆分表面"上下文选项卡(即地形编辑与拆分状态)。如图 4-18 所示，在"修改 | 拆分表面"上下文选项卡中，将绘制拆分线的方式选择为"拾取线"→在建模区域拾取 CAD 文件的绿地边界线→单击"完成表面"按钮 ✔ 完成地形表面拆分。

完成表面拆分之后，原有的地形表面一分为二，可以对它们进行独立的修改与编辑。如图 4-19 所示，选择地形表面 1(即绿地区域)，通过其"属性"面板修改其材质为"植物"，至此，就完成了"拆分表面"的实践操作。

1. 使用"子面域"工具定义道路

"子面域"与"拆分表面"工具均可用于定义道路。但是，如图 4-19 所示，若使用"拆分表面"工具定义道路，需要将地形表面 2 拆分成 3 个独立的地表模型，而在表 4-2 中，提示了"拆分表面"工具只能将地形表面一分为二，一分为三无法实现。因此，只能使用"子面域"工具来定义道路，对具体项目应具体分析，选择最合适的工具。

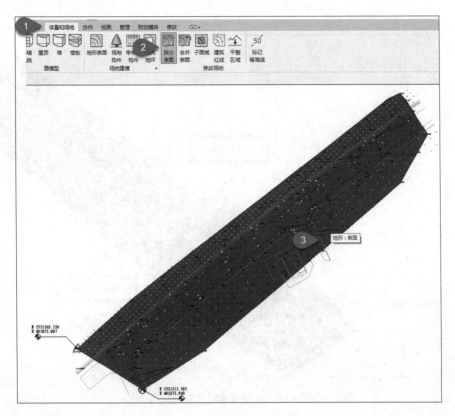

图 4-17　启用"拆分表面"工具

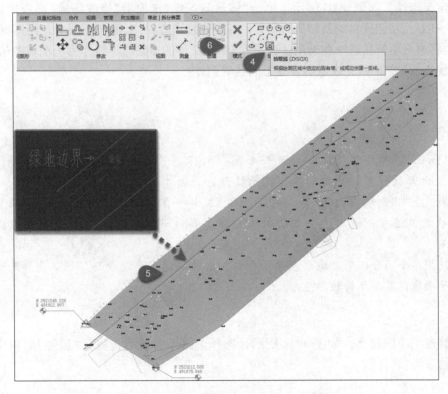

图 4-18　拾取"绿地边界"线进行表面拆分

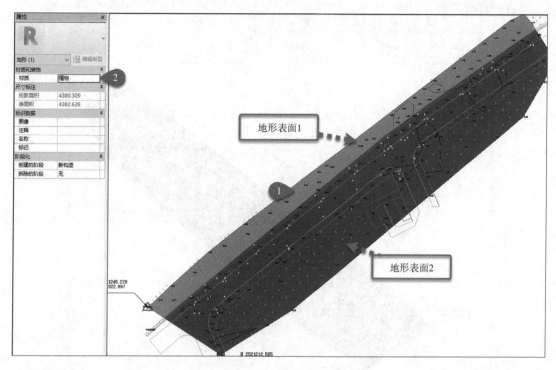

图 4-19　设置绿地地形表面材质

（1）定义道路。如图 4-20 所示，单击"体量与场地"选项卡"修改场地"面板中的"子面域"按钮→Revit 功能区自动跳转到"修改｜创建子面域边界"上下文选项卡，绘图区域的地形表面也将进入编辑状态→在绘图区域拾取 CAD 文件的道路边界线作为子面域的边界线→单击"完成表面"按钮 ✔ 完成地形表面子面域的创建。

⚙ 提示

　　①"子面域"的边界线，必须是一个闭合的环，当边界线不是闭合的环时，软件将高亮显示开放位置，并自动弹窗提示错误，如图 4-21 所示。解决方法如图 4-22 所示：选择"修改"面板中的"修剪｜延伸为角"工具→依次单击开放位置的两根要连接的边界线使其连接。使用这个方法依次处理边界线开放处，使整个边界线形成一个闭合的环。

　　②使用单个闭合环创建地形表面子面域。如果创建多个闭合环，则只有第一个环用于创建子面域，其余环将被忽略。

（2）修改子面域材质。如图 4-23 所示，选择道路子面域后，将其"属性"面板中的"材质"参数修改为"沥青"。

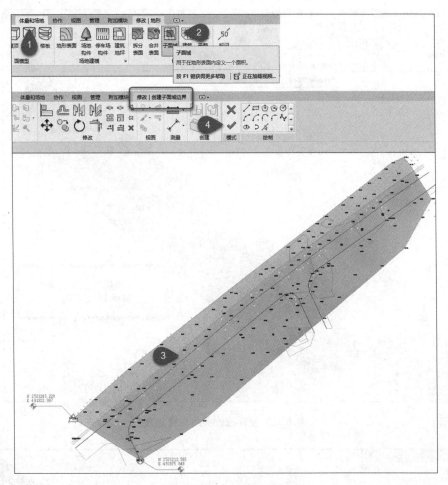

图 4-20　定义道路"子面域"

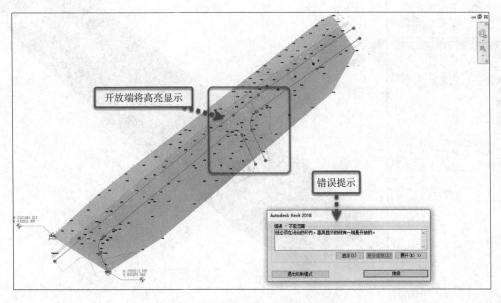

图 4-21　子面域边界线未闭合

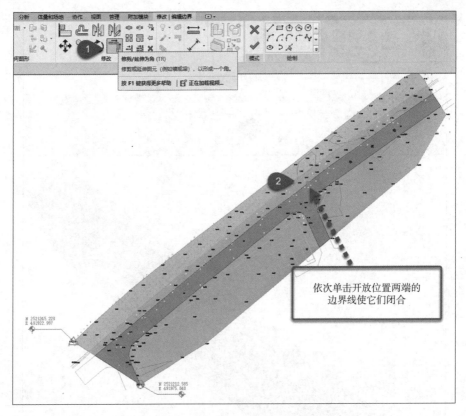

图 4-22 使开放位置边界线闭合

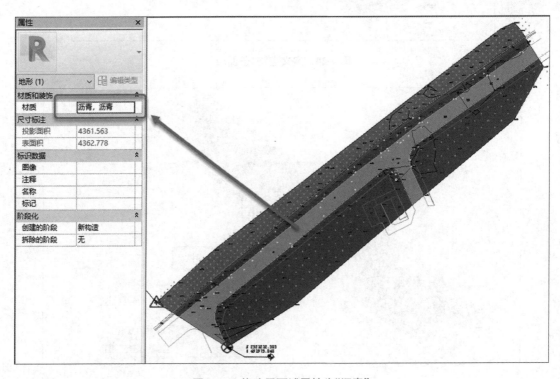

图 4-23 修改子面域属性为"沥青"

2. "平整区域"工具的应用

Revit 提供了"平整区域"工具，可对复杂的地形表面进行区域平整、更改选定点处的高程，从而进一步制定场地设计、开挖填土，也可统计平整前后的土方量体积差。本节将对该工具的使用方法进行讲解，请读者自行进行练习。

(1)打开[任务三]完成场地修改的"地下管线实践项目_地表 BIM 模型"项目文件。

(2)如图 4-24、图 4-25 所示，单击"体量和场地"选项卡"修改场地"面板中的"平整区

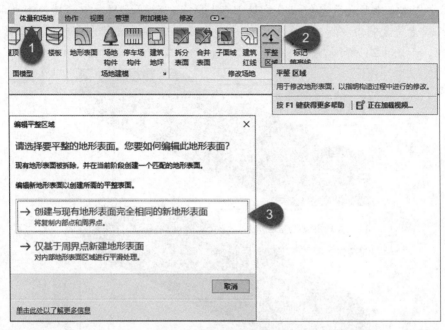

图 4-24　使用"平整区域"工具

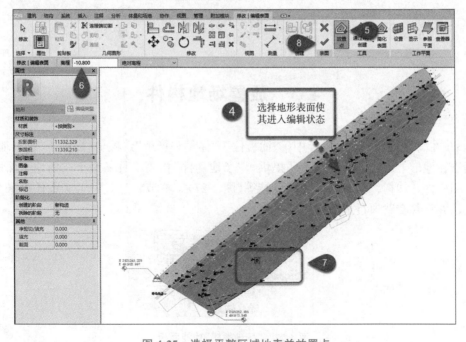

图 4-25　选择平整区域地表并放置点

域"按钮→在弹出的"编辑平整区域"对话框中，选择"创建与现有地形表面完全相同的新地形表面"→在绘图区域中选择当前地形表面，Revit 将进入草图模式，此时可添加或删除点，修改点的高程或简化表面→单击"放置点"按钮→在选项栏中将点的高程设置为"—10.800"→在地形表面任意位置放置 4 个高程点→单击"完成表面"按钮 ✔ 完成平整区域操作。

💠 提示

"创建与现有地形表面完全相同的新地形表面"与"仅基于周界点新建地形表面"两者的区别：前者将复制内部点与周界点新建地形表面；而后者仅对内部地形表面区域进行平滑处理，如图 4-26 所示。

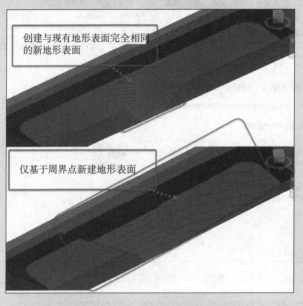

图 4-26 "编辑平整区域"两选项的区别

4.3 放置场地构件

Revit 在"场地建模"功能面板中(该面板位于"体量和场地"选项卡)提供了"建筑地坪"工具，用于在地形上创建建筑地坪，还提供了"场地构件"相关工具，用于在场地平面中放置场地专用构件，如树、停车场、公共设施等(图 4-27)。本节将通过两个实践任务来介绍上述工具，并完善实践项目地形表面的建模。

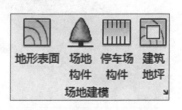

图 4-27 "场地建模"功能面板

4.3.1 创建建筑地坪

[任务四]完成建筑地坪的创建

（1）打开[任务三]创建的 BIM 模型，打开"地下管线 BIM 建模平面"视图。

（2）单击"体量和场地"选项卡"场地建模"面板中的"建筑地坪"按钮，Revit 功能区将自动切换至"修改｜编辑边界"上下文选项卡，同时绘图区域随之进入草图编辑模式，"属性"面板也会显示将创建的建筑地坪属性→单击"绘制"面板中的"拾取线"按钮，将其设置为"边界线"绘制方式→在建筑地坪"属性"面板中，将"自标高的高度偏移"值修改为"11000.000"→在绘图区域拾取指定建模物的边界线作为建筑地坪边界线→单击"✔"按钮完成创建，如图 4-28 所示。

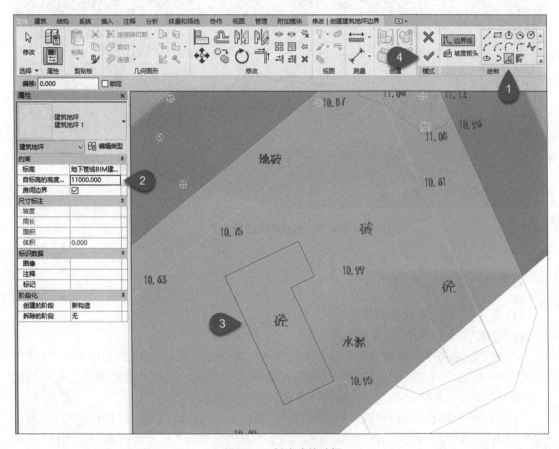

图 4-28　创建建筑地坪

（3）按上述创建地坪步骤，分别以"12000.000""13000.000"的"自标高的高度偏移"值为另外两处建筑物创建建筑地坪，如图 4-29 所示。

 提示

①建筑物位于地形图中部道路转弯的附近区域，标注"砼"的闭合图形。

②创建建筑地坪时，所绘制的边界线(或称草图线)必须是闭合的环，并且边界线不能超出地形表面的边界。

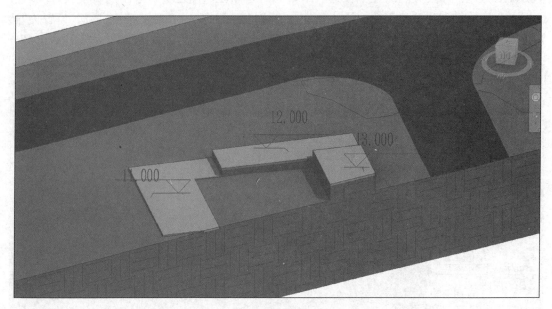

图 4-29　创建其他建筑地坪

4.3.2　放置场地构件

[任务五]完成场地构件的放置

(1)打开"地下管线 BIM 建模平面"视图。

(2)放置场地构件。在本节中，将以放置交通标线(构件)为例，介绍"场地构件"工具的使用。在当前的项目文件中，缺少交通标线这类场地构件族，因此，需要先将建模用到的族载入当前项目文件中，再进行场地构件放置，实践操作如下：

1)启用"场地构件"工具并载入相关族文件。如图 4-30 所示，单击"体量和场地"选项卡"场地建模"面板中的"场地构件"按钮→在"修改｜停车场构件"上下文选项卡中选择"载入族"选项→在弹出的"载入族"对话框中浏览打开"配套资料\04 模块四"文件夹，选择"交通标线-转向"等族文件→单击"打开"按钮将选中族文件载入项目中。

2)放置交通标线。如图 4-31 所示，继操作 1)载入族之后，在"属性"面板中单击"类型选择器"打开族类型下拉菜单，并从中选择"交通标线-直行"构件族→在绘图区域对应位置单击将"交通标线-直行"构件放置到地形表面上→使用"旋转"等工具将其修改至正确位置。

3)使用上述操作方法，完成其他构件放置。

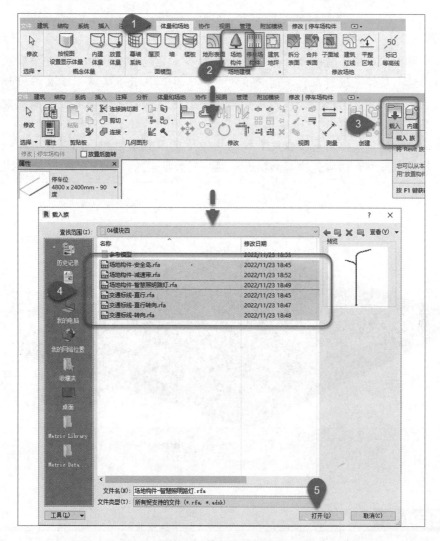

图 4-30　载入交通标线族

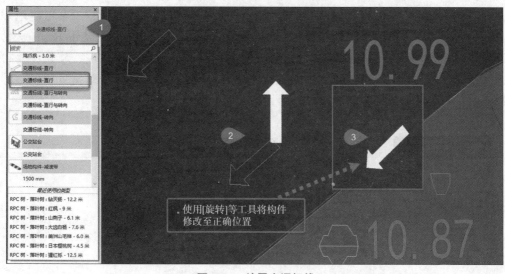

图 4-31　放置交通标线

①在场地构件族中，有一部分是"基于面"的族，其能自动拾取面并以拾取点的标高值作为自身标高偏移量进行放置，通常情况下，这类族在放置后才对其偏移量调整，如刚放置的交通标线族。而一部分族是基于工作平面创建的族，这类族宜于布置前先准确设置其标高偏移量。

②在三维视图中，地形表面在没有被剖切的情况下显示为一个面层，当其被剖面框剖切时，将显示地形剖切面。地形剖切面深度与剖面框一致，如图 4-32 所示。

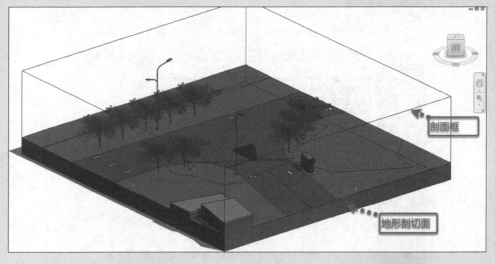

图 4-32   剖面框剖切地形表面

项目小结

在本项目中，首先介绍了通过使用"通过导入创建"工具完成地表 BIM 模型的创建，可根据选择使用"指定点文件"工具创建地形表面[任务一]或"选择导入实例"工具创建地形表面[任务二]；然后将修改所依据的外部数据导入 Revit 项目文件中，通过使用 Revit 提供的"修改场地"功能面板完成[任务三]修改场地模型、创建建筑地坪[任务四]、放置场地构建[任务五]。最终完成整个地形表面 BIM 模型的创建。另外，还介绍了通过使用"放置点"完成地形表面 BIM 模型创建的方法。

思考与实训

一、选择题

1. Revit 提供的创建地形表面的方式有(   )。(多选)

   A. 放置点　　　　　B. 通过导入创建　　　C. 子面域　　　　　D. 平整区域

   E. 简化表面

2. 若要导入 dwg 文件生成地形，则该 dwg 文件中必须包含(　　)。

　　A. 颜色　　　　　　B. Z 比例　　　　　C. 位置 Z 坐标　　　D. 名称

二、思考题

对于 Revit 中地形表面的修改，在哪种情况下更适合使用"拆分表面"工具，在哪种情况下更适合使用"子面域"工具?

三、实训题

完善本项目场地建模与场地修改。

请对本项目所学的内容进行总结回顾，依据"配套资料＼原始数据＼02-2_地形图"，完善场地 BIM 模型建模与修改，要求：使用"场地构建"工具放置场地构件，各类型构件至少创建一个实例；将文件以"地下管线实践项目_地表 BIM 模型"(＊.rvt)命名并保存。

项目 5

地下管线 BIM 建模

教学要求

知识要点	能力要求	权重
地下管线常规建模方法	根据管线物探数据,找到管线节点坐标和管线直径,能够通过 Revit 测量点的坐标确定管线起点和终点位置,设置管道系统、管道类型、管段尺寸和连接方式,并绘制相关管道;能够利用结构梁族命令创建箱涵、电力管沟、电信管线等矩形或多孔不规则截面管线	40%
地下管线附属设施常规建模方法	能够根据管线位置,结合物探数据和图集,完成附属设施族放置,并按图集调整附属设施族的高程和参数	20%
地下管线管件、管路附件常规建模方法	能够掌握弯头、三通、四通等地下管线管件创建方式,以及阀门等管路附件放置方法	20%
"BIM 建模系统"的自动化建模方法	掌握地下管线自动化建模流程、管线检测及数据入库	20%

任务描述

　　地下管线 BIM 模型创建是 BIM 技术在项目全生命周期应用的数据基础。本项目将重点介绍如何利用地下管线物探数据,应用建模软件创建地下管线 BIM 模型,其内容包括地下管线 BIM 模型建模方法、管件设置和管路附件布置及附属设施创建方法;还将详细介绍基于"BIM 建模系统"的自动化建模方法与参数化标准族设计与创建。通过本项目内容的学习,将有效提升读者专业图及数据识读、使用能力,加深对地下管线专业的认知和理解,为后续项目学习奠定基础。

职业能力目标

　　(1)掌握地下管线物探数据表识读方法,能够正确识读地下管线物探数据表。

（2）掌握地下管线 BIM 建模、管件设置及管路附件布置、附属设施 BIM 建模方法，能够应用建模软件创建地下管线 BIM 模型。

（3）熟悉基于"BIM 建模系统"的自动化建模。

🎯 典型工作任务

（1）应用地下管线物探数据表创建地下管线 BIM 模型。

（2）根据管线位置和图集创建地下管线附属设施 BIM 模型。

（3）根据管线位置，连接创建管件、管路附件 BIM 模型。

（4）熟悉基于"BIM 建模系统"的自动化建模方法、流程，并通过案例完成基于"BIM 建模系统"的自动化建模实践。

📖 案例引入

项目成果展示如图 5-1 所示。

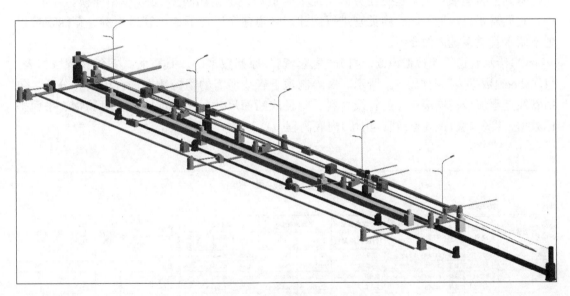

图 5-1　地下管线 BIM 模型图

5.1　地下管线 BIM 建模

地下管线 BIM 模型（BIM Model of Underground Pipeline）是以三维图形和数据库信息集成技术为基础，利用地下管线空间数据和属性数据，创建包含地下管线空间、物理和功能特性信息的集合体。地下管线空间数据是指 BIM 模型内部几何形态和外部空间位置数据的集合。地下管线属性数据可分为定性和定量两种。定性数据包括名称、类型、特性等，如地下管线材质、地下管线直径、地下管线高程等；定量数据包括数量和属性类别，如长度、高度、材料种类等。

地下管线 BIM 模型宜覆盖工程建设全生命周期各阶段及管线运维阶段，并进行动态更新，模型数据应标准化，模型传递应保证属性数据的完整性。本节将通过地下管道、地下箱涵建模，附属设施建模及管道系统的创建与设置三个实践任务来完成地下管线 BIM 建模的学习。

5.1.1　地下管线 BIM 建模

[任务一] 地下管道、地下箱涵 BIM 模型建模

1. 工作流程

BIM 技术经过多年发展，已具备一套高效的建模工作流程：熟悉建模标准→识读物探数据→选择 Revit 项目样板及新建项目→创建管道系统→创建管道模型。

2. 识读物探数据

BIM 建模标准及管线的物探数据是创建 BIM 模型的依据。项目 3 已经通过实践项目学习 BIM 建模标准、建模环境设置等内容，本项目将在项目 3 已经设置好的 Revit 项目样板文件基础上新建项目。本建模任务涉及地下管道和地下箱涵两类 BIM 模型建模，在 Revit 中，它们需要以两种不同的族类别进行创建。管道建模以地下给水管道为例，箱涵建模以地下雨水管道系统为例介绍。

(1) 给水管道物探数据识读。打开"配套资料/原始数据/ 01-地下管线案例物探数据表/'J'(sheet)数据表"，如图 5-2 所示。对绘制地下管线所需的物探数据进行识读和分析，包括管线点预编号、连接点号、管线材料、管径或断面尺寸、管线点特征及附属物、平面坐标数据、管(沟块)顶高程或管(沟块)内底高程。

管 线 点 成 果 表

测区：　　管线类型：给水

管线点预编号	管线点号	连接点号	埋设方式	管线材料	管径或断面尺寸Φ(mm)	管线点类别 特征	管线点类别 附属物	平面坐标(m) X	平面坐标(m) Y	高程(m) 地面	高程(m) 管(沟块)顶	高程(m) 管(沟块)内底	埋深(m)	电缆根数或总孔数/已用孔数	管孔排列(行X列)	电力电压(KV)	备注
5J236		5J237	直埋	灰口铸铁	100	拐点		2521335.75	492089.71	11.05	9.435		1.10				
		5J247	直埋	灰口铸铁	400	拐点		2521335.75	492089.71	11.05	9.435		1.10				
5J237		5J236	直埋	灰口铸铁	100	直线点	阀门井	2521344.15	492082.92	11.00	9.90		1.10				
5J247		5J236	直埋	灰口铸铁	100	三通点		2521285.08	492026.83	10.74	9.64		1.10				
		5J248	直埋	灰口铸铁	100	三通点		2521285.08	492026.83	10.74	9.64		1.10				
		5J257	直埋	灰口铸铁	400	三通点		2521285.08	492026.83	10.74	9.64		1.10				
5J248		5J247	直埋	灰口铸铁	100	拐点		2521286.71	492025.46	10.71	9.61		1.10				
		5J249	直埋	灰口铸铁	100	拐点		2521286.71	492025.46	10.71	9.61		1.10				
5J249		5J248	直埋	灰口铸铁	100	直线点	阀门井	2521285.55	492023.83	10.68	9.58		1.10				
		5J250	直埋	灰口铸铁	100	直线点	阀门井	2521285.55	492023.83	10.68	9.58		1.10				
5J250		5J249	直埋	灰口铸铁	100	直线点	消火栓	2521284.49	492022.22	10.69	9.59		1.10				
5J257		5J247	直埋	灰口铸铁	400	起始点		2521241.82	491973.60	10.65	9.55		1.10				出测区

图 5-2　给水管道物探数据表

(2) 雨水箱涵物探数据识读。打开"配套资料/原始数据/ 01-地下管线案例物探数据表/'J'(sheet)数据表"，如图 5-3 所示。找到埋设方式为"矩形管沟"的所有物探数据并进行分析、识读，包括管径或断面尺寸、管线点类别、平面坐标数据、管(沟块)顶高程或管(沟块)内底高程等。

管 线 点 成 果 表

管线点预编号	管线点号	连接点号	埋设方式	管线材料	管径或断面尺寸Φ(mm)	管线点类别		平面坐标(m)		高程(m)			埋深(m)	电缆根数或总孔数/已用孔数	管孔排列(行X列)	电力电压(KV)	备注
						特征	附属物	X	Y	地面	管(沟块)顶	管(沟块)内底					
5Y114		5Y115	直埋	PVC	200	拐点	雨水	2521261.79	491964.96	10.27		9.57	0.70				
		5Y129	矩形管沟	砖	600×600	拐点	雨水	2521261.79	491964.96	10.27		9.57	0.70				
5Y115		5Y114	直埋	PVC	200	终止点	出水口	2521269.92	491956.76	10.28		9.58	0.70				
5Y118		5Y119	直埋	砼	200	四通	检查井	2521263.35	491977.26	10.36		9.66	0.70				
		5Y120	直埋	砼	600	四通	检查井	2521263.35	491977.26	10.36		7.76	2.60				
		5Y132	直埋	砼	600	四通	检查井	2521263.35	491977.26	10.36		7.71	2.65				
		5Y255	直埋	砼	400	四通	检查井	2521263.35	491977.26	10.36		7.86	2.50				
5Y119		5Y118	直埋	砼	200	起始点	雨篦	2521265.79	491978.57	10.33		9.63	0.70				
5Y120		5Y118	直埋	砼	600	终止点	出水口	2521277.92	491964.42	10.27		7.67	2.60				
5Y129		5Y114	矩形管沟	砖	600×600	三通	雨篦	2521278.51	491985.65	10.39		9.69	0.70				
		5Y130	直埋	PVC	200	三通	雨篦	2521278.51	491985.65	10.39		9.69	0.70				
		5Y138	矩形管沟	砖	600×600	三通	雨篦	2521278.51	491985.65	10.39		9.69	0.70				
5Y130		5Y129	直埋	PVC	200	终止点	出水口	2521284.73	491980.83	10.32		9.62	0.70				
5Y132		5Y118	直埋	砼	600	四通	检查井	2521282.59	492000.78	10.42		7.77	2.65				
		5Y133	直埋	砼	200	四通	检查井	2521282.59	492000.78	10.42		9.72	0.70				

测区： 管线类型:雨水

图5-3　雨水箱涵物探数据表

提示

识读物探数据表应关注的重点信息如下：

① "管线点预编号"为管线起点，"连接点号"为管线终点；

② 埋设方式——判断箱涵和管道；

③ 管线材料——管道或箱涵材质属性；

④ 管径或断面尺寸——管道或箱涵尺寸设置数据；

⑤ 管线点特征——管件连接说明或箱涵过渡形式；

⑥ 附属物——管线特征点位置所需的附属设施；

⑦ 平面坐标数据——管线平面定位数据；

⑧ 管(沟块)顶高程或管(沟块)内底高程——管线或箱涵垂直对正绘制依据，也决定管线绘制后的坡度。

3. 创建给水管道BIM模型

（1）新建项目。以"配套资料/05模块五/5.1-地下管线BIM建模样板(.rte)"为项目样板新建项目，并将新建项目命名为"实践项目_地下管线BIM模型(.rvt)"保存。

（2）管道点定位。如图5-4所示，打开项目文件"地下管线BIM建模平面"视图，单击选择"测量点"并将点编号5J257（X＝252 241.813，Y＝491 973.600）对应输入到"测量点"的"北/南"与"东/西"坐标值中→绘制两个"参照平面"使其交点位于"测量点"处，以此方式确定点5J257的位置→重复上述操作，依次确定点编号5J257（起点）、5J236（拐点）、5J247（三通点）、5J248（拐

两参照平面交点位于

5J257

北/南 2 521 241.813
东/西 491 973.600

图5-4　将预编号和连接点号的坐标数据输入测量点中

点)、5J249(阀门井)、5J250(消火栓)的位置，如图 5-5 所示。

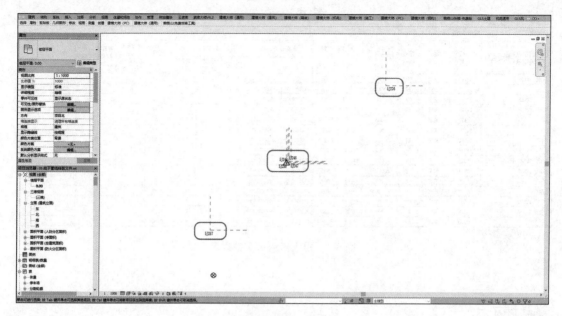

图 5-5　给水管道点号定位

箱涵点定位与地下给水管道点定位的方法相同，利用测量点定出雨水箱涵的 5Y114(拐点)、5Y138(拐点)、5Y129(三通点)、5Y130(出水口)，如图 5-6 所示。

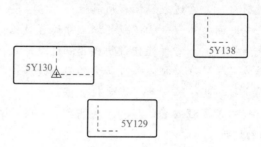

图 5-6　雨水箱涵点号定位

（3）管道创建。以地下给水管道为例，按建模标准设置好管道类型命名、布管系统、管道系统、管道材质后，单击系统选项卡"卫浴和管道"面板中的"管道"按钮，选择对应地下管线管道系统，将管道直径、水平、垂直对正、参照标高和偏移量按照物探数据表中相关数据填入系统，依次连接点编号 5J257→5J236、5J247→5J248→5J250，绘制地下管线给水管道，如图 5-7 所示。

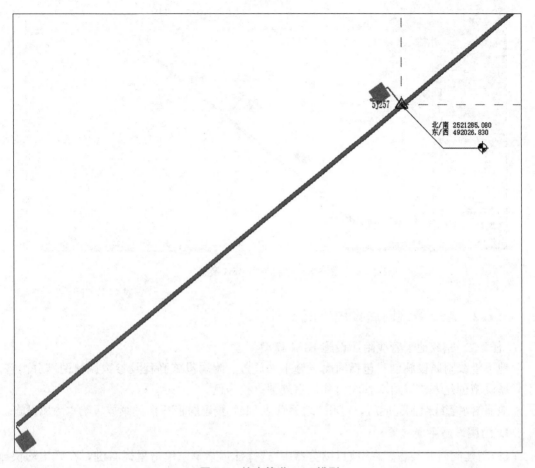

北/南 2521285.080
东/西 492026.830

5257

图 5-7　给水管道 BIM 模型

⚙ 提示

　　管道类型命名、布管系统、管道系统、管道材质设置对于管线建模非常重要，涉及材质、尺寸、管件等，将在"5.1.3"继续介绍。

　　(4)箱涵创建。以地下雨水箱涵为例，创建步骤为单击在"结构"选项卡→"结构"面板中的"梁"按钮，在其"属性"面板中的"类型选择器"按建模标准设置箱涵类型名称为"地下雨水管线系统_5Y114-5Y129_600＊600"，按物探数据表选择选择对正方式，输入起点和终点、管(沟块)内底高程，依次连接点编号 5Y114→5Y129、5Y129→5Y138 绘制出箱涵，用"管道"工具连接 5Y129→5Y130，绘制雨水出水口管道，如图 5-8 所示。

⚙ 提示

　　排水管的拐点、三通、四通、五通等管线点特征均结合附属设施过渡，附属设施放置将在 5.1.2 以给水管道附属设施放置为例进行介绍。

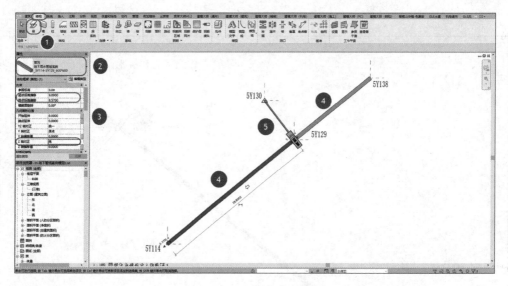

图 5-8　绘制箱涵 BIM 模型

5.1.2　地下管线附属设施建模

[任务二]完成地下管线附属设施 BIM 模型创建

地下管线附属设施创建包括附属设施平面放置、附属设施高程及参数调整两部分内容。本附属设施创建方法以给水管阀门井、室外消火栓为例。

地下给水管线绘制完成后，打开"地下管线 BIM 建模平面"视图继续放置给水附属设施。

1. 附属设施平面放置

（1）新建阀门井类型。在"项目浏览器中"选择任意菜单→单击鼠标右键，在弹出的快捷菜单中选择"搜索"选项→在弹出的"在项目浏览器中搜索"对话框中输入"阀门井"并单击"下一步"按钮，找到阀门井的族→选择"阀门井-DN100"族并单击鼠标右键，在弹出的快捷菜单中选择"新建类型"选项→按照建模标准设置好类型名称（以点编号命名）并新建对应新的阀门井族类型，如图 5-9 所示。

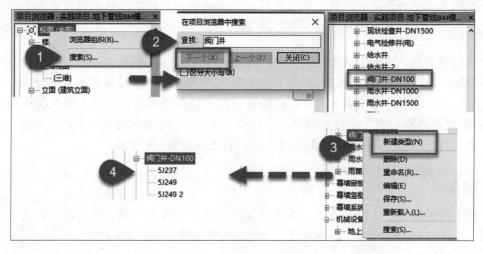

图 5-9　新建阀门井族类型

（2）放置阀门井。打开"01_地下管线物探数据表"，找到管线点类别为附属设施的点编号 5J249 放置给水管井，单击编号 5J250 放置地上式室外消火栓（搜索方式同阀门井），放置方向按照连接点编号的管道方向中心对齐，如图 5-10 所示。

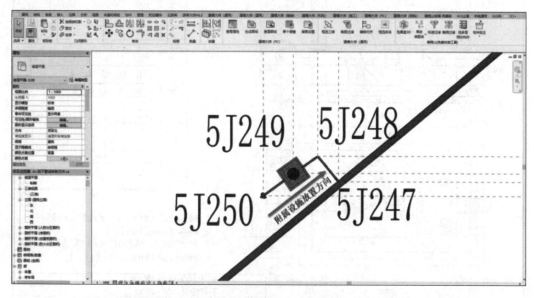

图 5-10　附属设施平面放置

2. 附属设施参数及高程调整

（1）阀门井参数调整。在实际工程项目中，阀门井的细部构造及外观尺寸必须严格依照标准图集进行模型创建。在本节中，将以"5J249"编号阀门井为例介绍参数调整操作。如图 5-11 所示，在三维或平面视图中选择"5J249"编号阀门井→单击其"属性"面板中的"编辑类型"按钮，进入阀门井项目"类型属性"对话框→如图 5-12 所示为"砖砌矩形水表井"标准图集，找到对应管道直径的各部尺寸参数，将其输入阀门井对应类型参数中→单击"类型属性"对话框中的"确定"按钮，完成阀门井参数设置。

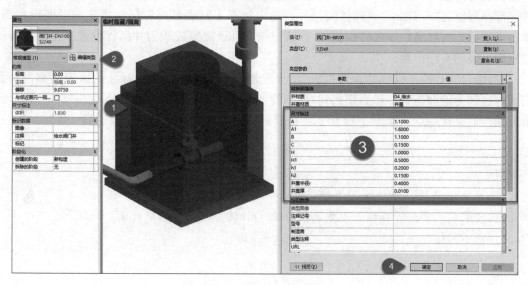

图 5-11　设置阀门井参数

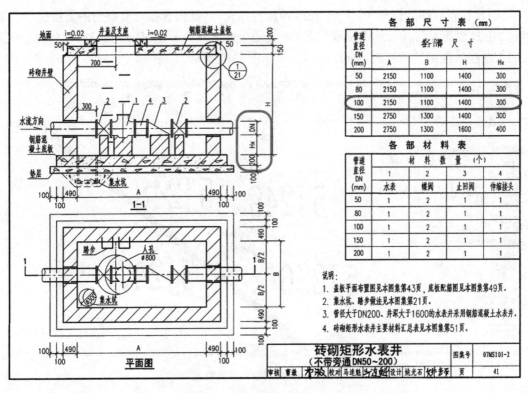

图 5-12　给水系统阀门井图集

　　(2)阀门井高程设置。管井的高程设置包括管井顶部标高与底部标高设置。其中，管井顶部标高＝管井底部标高＋管井整体高度，前文已经完成管井整体高度设置，所以，在本节中只需要确定管井的底部标高即可完成其高程设置。下面继续以"5J249"编号阀门井为例介绍标高设置。

　　打开三维视图，使用"注释"选项卡"尺寸标注"面板中的"高程点"标注工具，为阀门井标注其底部高程(图 5-13)→结合"01_地下管线物探数据表"该处管顶高程并计算可知，该管井底部高程应为"8.875m"→选择阀门井，选中状态下其底部高程标注将变成可编辑状态，单击高程标注的数值，输入高程值"8.875"→按 Enter 键完成阀门井高程设置，管井将自动放置到正确的空间位置。

　　(3)结合"01_地下管线物探数据表"消火栓地面高程，用高程点标注消火栓底部，调整消火栓底部为地面高程；然后切换到"地下管线 BIM 建模平面"视图，拖动 5J250 点编号管道并捕捉消火栓端点，如图 5-14 所示。松开鼠标后，即可自动连接生成立管。

　　提示

　　①按住 Ctrl 键，然后按 Tab 键，可以快速切换视图。

　　②将鼠标光标悬停在构件上方，然后按 Tab 键可以切换捕捉对象，如端点、中心点、交点，或不同构件等。

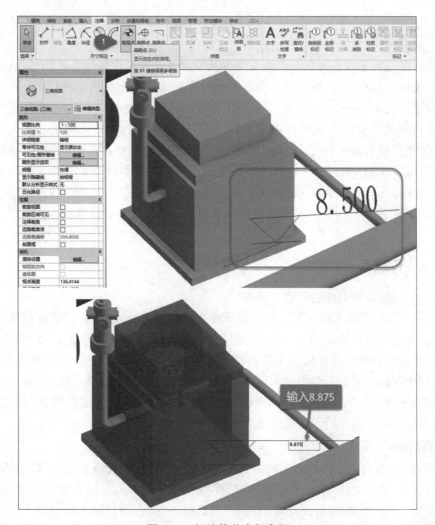

图 5-13　标注管井底部高程

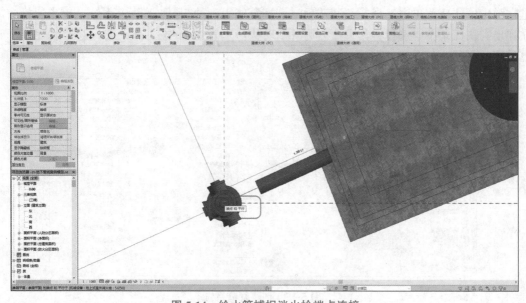

图 5-14　给水管捕捉消火栓端点连接

①给水管道附属设施的设计参数与高程放置应参考国家建筑标准设计图集《市政给水管道工程及附属设施》(07MS101)；排水管道附属设施的设计参数与高程放置应参考国家建筑标准设计图集《市政排水管道工程及附属设施》(06MS201)；电信管线附属设施的设计参数与高程放置应参考国家通信行业标准《通信管道人孔和手孔图集》(YD/T 5178—2017)；燃气管线附属设施的设计参数与高程放置应参考行业标准《城镇燃气输配工程施工及验收规范》(CJJ 33—2005)；电力管线附属设施的设计参数与高程放置应参考国家标准《电力工程电缆设计标准》(GB 50217—2018)。

②在"配套资料/05 模块五"中提供了参考图集，读者可自行查阅。

5.1.3　管道系统设置

[任务三]完成管道系统的创建与设置

根据地下管线 BIM 建模流程，在创建管线模型之前，必须先进行"管道系统设置"，但考虑到在理解建模操作的基础上，将更加容易理解管道系统设置，因此，将"管道系统设置后置"，且在配套提供的项目样板文件中预设好建模所需的前置条件——"管道系统设置"。管道系统的设置包括管道系统创建、管道类型名称设置、管道"布管系统"设置三部分内容。其中，管道"布管系统"最为重要，其又由"管段材质""管道尺寸""管件设置"三部分内容组成。下面将通过设置室外给水排水管道系统实践任务介绍上述内容。

1. 创建污水管系统

(1)在 Revit 项目中，可以给不同的地下管线指定不同的"管道系统"，以对不同专业的管线进行归类、区分。在"项目浏览器"中选择"族"菜单→单击鼠标右键在弹出的快捷菜单中选择"搜索"→弹出"在项目浏览器中搜索"对话框→在"在项目浏览器中搜索"对话框中输入并查找"管道系统"菜单→打开"管道系统"菜单，选择其中"其他"管道系统，单击鼠标右键在弹出的快捷菜单中选择"复制"选项→选择复制得到的"其他 2"管道系统，单击鼠标右键在弹出的快捷菜单中选择将其重命名为"02-现状污水管道"→按 Enter 键，这样就完成了管道系统的创建，如图 5-15 所示。

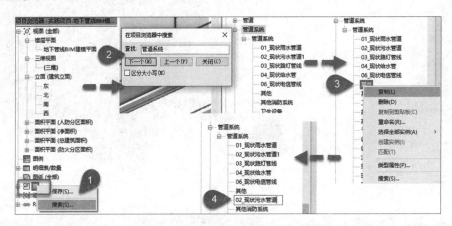

图 5-15　创建管道系统

（2）创建完成"02_现状污水管道"系统之后，需继续对其属性进行设置。当管道被指定为该系统时，其属性参数将传递给对应管道。选择"02_现状污水管道"，单击鼠标右键在弹出的快捷菜单中选择"类型属性"选项，弹出"类型属性"对话框→在"类型属性"对话框中单击"图形替换"类型参数的"编辑"按钮→在弹出的"线图形"对话框中单击"颜色"参数设置按钮，在弹出的"颜色"对话框中将其颜色 RGB 值设置为"0，64，128"→单击"确定"按钮返回"线图形"对话框，最后单击"确定"按钮返回"类型属性"对话框，最后单击"确定"按钮完成图形替换设置，如图 5-16 所示。设置完成后，只要被指定为"02_现状污水管道"系统的管道，在"着色"的视觉样式下，将统一显示为深蓝色（RGB 值为 0，64，128）。

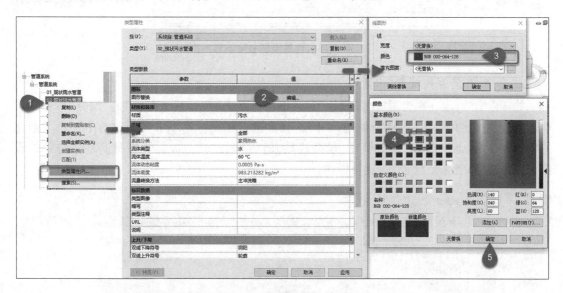

图 5-16　设置管道系统颜色

在 Revit 中预设了"其他"等 11 个原始管道系统，如图 5-17 所示。每个原始系统最后一个不能被删除。当通过复制的方式创建新系统时，要遵循"复制系统相近原则"（新建系统与被复制系统必须相近或类似），如新建消火栓给水系统时，必须以"湿式消防系统"作为被复制对象，当没有近似系统可以复制时，就选择"其他"原始管道系统，如污水系统。

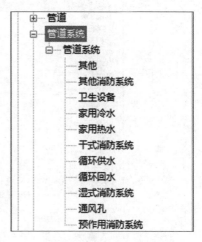

图 5-17　Revit 中预设的
11 个原始管道系统

2. 管道类型名称设置

按地下管线 BIM 建模标准（项目 3），管道类型名称的命名规则为"管道系统_管段材质_管道连接方式_相连点编号"。以给水管线为例，点编号 5J257、5J236 相连的管道设置管道类型名称为"地下给水管_球墨铸铁_承插连接_5J257-5J236 "。操作路径为打开"系统"选项卡，单击"卫浴和管道"面板中的"管道"创建工具→在管道"属性"面板中单击"编辑类型"按钮，弹出"类型属性"对话框→单击"复制"按钮→按地下管线 BIM 建模标准正确输入该管道类型名称，单击"确定"按钮完成设置，如图 5-18 所示。

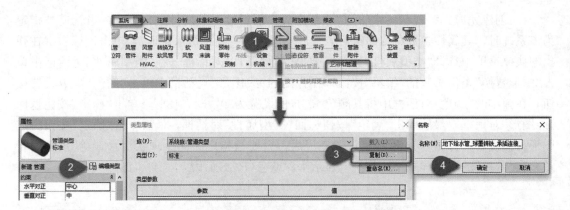

图 5-18　管道类型名称设置

3. 管道"布管系统配置"设置

如图 5-19 所示，在管道"类型属性"对话框中，单击"布管系统配置"的"编辑"按钮，可对相应管道类型的管段(包括材质与尺寸)、管件进行预设。本小节将通过对上一小节新建的管道类型"地下给水管_球墨铸铁_承插连接_5J257-5J236"，进行管段材质新建与管件设置，以掌握"布管系统配置"的设置操作。

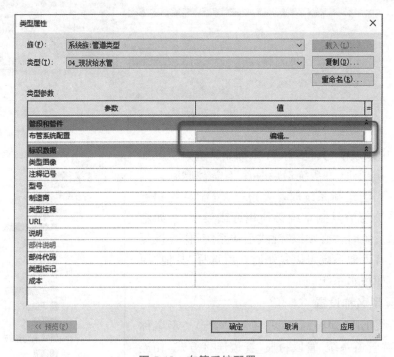

图 5-19　布管系统配置

(1)管段材质新建与设定。在选择"地下给水管_球墨铸铁_承插连接_5J257-5J236"管道类型的状态下，弹出"类型属性"对话框，单击"布管系统配置"的"编辑"按钮，弹出"布管系统配置"对话框→单击"管段和尺寸"按钮(图 5-20)，弹出"机械设置"对话框(图 5-20)→单击"新建管段"按钮，弹出"新建管段"对话框→选择新建"材质"，并单击"材质"参数设置后的"浏览"按钮，弹出"材质浏览器"对话框→在搜索框中输入"球墨"并按 Enter 键进行材质搜索→选择搜索得到的"K9 球墨铸铁"材质，单击"确定"按钮完成"K9 球墨铸铁"管段新建（图 5-21）→完成新建管段材质后，需要将其赋予当前管道类型。如图 5-22 所示，在"布管系统配置"对话框中单击"管段"下拉菜单，选择"K9 球墨铸铁-5S"，再单击"确定"按钮完成"布管系统配置"设置→在"地下给水管_球墨铸铁_承插连接_5J257-5J236"管道类型的"属性"面板实例属性"管段"下拉菜单中，选择"K9 球墨铸铁-5S"→完成管段材质新建与设定。

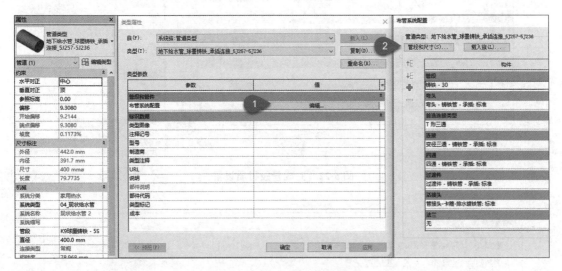

图 5-20　管段和尺寸配置

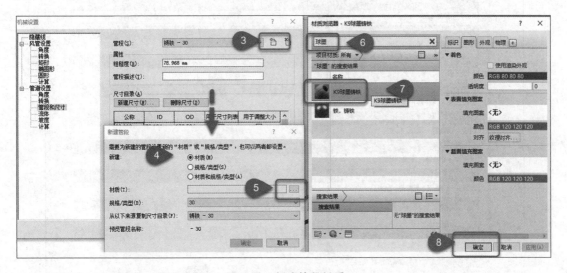

图 5-21　新建管段材质

（2）管道管件设置。管件起连接管道的作用，需要在创建管道 BIM 模型之前设定，否则管道将无法连接或出现管件错误的问题。管道管件设置的操作如图 5-23 所示。在"地下给水管_球墨铸铁_承插连接_5J257-5J236"管道类型的"布管系统配置"对话框中，依次完成"弯头""首选连接类型""连接""四通""过渡件""活接头""法兰""管帽"8 个管件的参数设置→单击"确定"按钮完成管道管件设置。

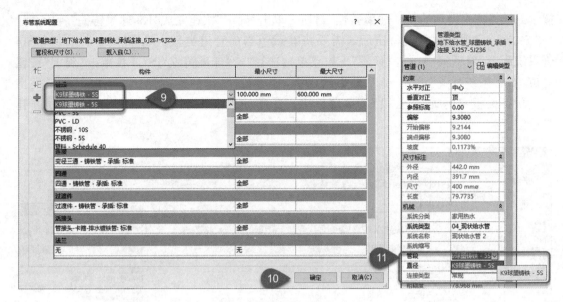

图 5-22 完成管段材质设置

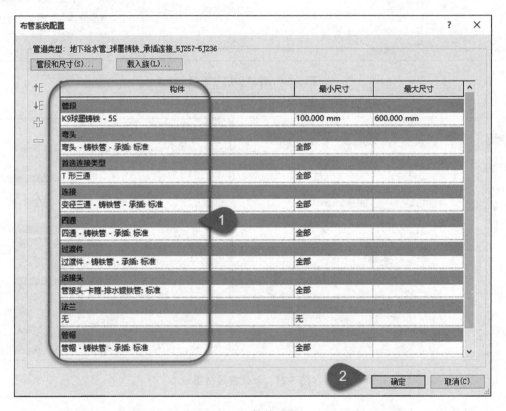

图 5-23 管件设置

若在"布管系统配置"中进行管件设置时，缺少对应管件，可以通过选择"插入"选项卡→"从库中载入"面板"载入族"工具的方式将需要的管件族载入项目中。

不同管段的材质和管道连接方式需参考相关专业设计标准和验收规范，如本项目地下给水管道的材质和连接方式，可参考《室外给水设计标准》(GB 50013—2018)及《给水排水管道工程施工及验收规范》(GB 50268—2008)，给水管道及消火栓连接管均采用 K9 级球墨铸铁管，柔性橡胶圈接口，承插连接。管道连接方式的确定尤为重要，将决定布管系统管件的设置类型和管道过流能力。

4. 管路附件放置

以地下给水管道点编号"5J249"阀门放置为例，操作步骤：在"项目浏览器"搜索找到阀门族，在"DN40"上单击鼠标右键，在弹出的快捷菜单中选择"类型属性"选项，按地下管线 BIM 建模标准(项目 3)进行预设值，并将管路附件命名为"管道系统_管路附件类型_尺寸规格_点编号"，如"地下给水 _ 阀门 _ DN100 _ 5J249"修改阀门公称直径尺寸，如图 5-24 所示。在"项目浏览器"中，找到新建阀门类型，单击鼠标左键直拉拖曳，并捕捉地下给水管道中心线放置在点编号"5J249"位置上，即可自动连接，如图 5-25 所示。

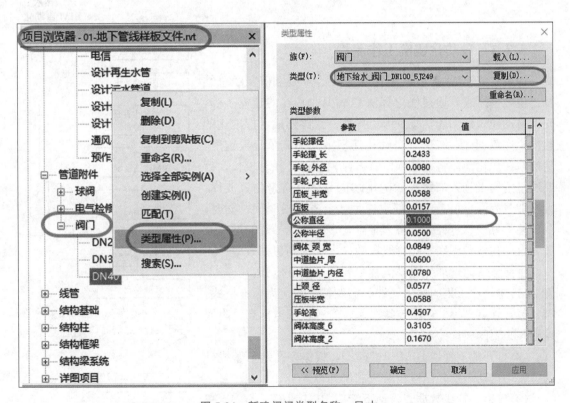

图 5-24　新建阀门类型名称、尺寸

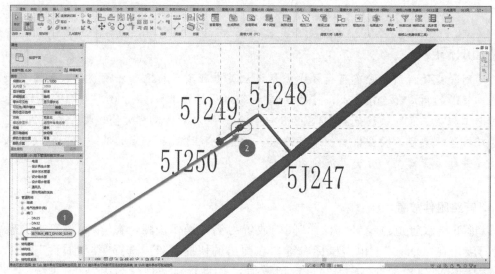

图 5-25　管路附件创建

5.2　地下管线 BIM 模型自动化创建

知识拓展：
BIM 自动化
建模软件介绍

5.2.1　自动化建模工作流程

　　地下管线 BIM 自动化建模系统根据多项工程实践总结及建模效率要求，通过优化算法和减少非必要的建模步骤，开发自动化识别功能，减少人工操作，最终形成了标准化的建模工作流程(图 5-26)。自动化建模大大提高了建模速度，例如，在优化前需将标准族库载入建模软件，耗时较长，后期通过附属设施族加载步骤优化改进为软件自带内置族库，无须加载族库也可自动化创建模型，节省建模时间；同时，在属性信息设置过程中，将人工查找多孔管线参数的过程改进为自动化搜索识别多孔管线参数，大大提高建模效率。

　　目前形成的标准化建模流程主要包括以下步骤：

　　(1)将外业采集的地下管线数据调整或转化为标准格式，需要包含管点坐标、逻辑连接关系、管径、管点标高、附属设施等必要的属性信息。

　　(2)打开地下管线 BIM 建模模板，根据多孔地下管线排列参数，自动识别并创建相对应的排列方式。

　　(3)将地下管线数据载入地下管线 BIM 建模系统，检查自动识别地下管线属性信息是否正确。

　　(4)若存在部分属性信息不匹配，进行局部调整后，再创建地下管线 BIM 模型。

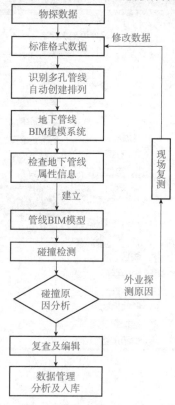

图 5-26　优化改进前后
的建模流程图

(5)通过碰撞检测分析，查明存在碰撞的原因，指导现场人工复核，修改数据后再次创建 BIM 模型。

(6)数据管理分析及入库。

5.2.2　参数化标准族设计与创建

地下管线 BIM 模型包括管线及其相对应的附属设施，在地下管线建模前，需设计带参数的附属设施标准族库，以便于快速创建地下管线模型。而目前不同种类地下管线对应的附属设施众多，且很多不同类型管线附属设施的外形及结构基本相同，为避免附属设施族库过于冗杂，并提升其利用效率，在不断优化和完善后，地下管线 BIM 自动化建模系统建立了高度集成、参数标准化的常用地下管线附属设施族库，其中族的类型、长、宽、高及方向受控于所创建的参数，可根据实际情况而自动改变。例如，创建的窨井族可以同时满足电力、通信、雨水、污水、燃气等各类型综合地下管线建模需求，通过控制窨井族的尺寸、角度参数可以匹配窨井的实际大小及方向；控制窨井族的标记参数可以匹配窨井的类型。地下管线 BIM 自动化建模系统还根据地下管线附属设施建模数据规则和建模对象的实际形状，设计并创建了满足实际工程建模需求的自动化、参数化、集成化的整套管线附属设施、连接件标准族库。图 5-27 所示为创建的部分地下管线附属设施族，如窨井、阀门、交接箱及消火栓。图 5-28 所示为地下管线附属设施窨井族的参数设置窗口，可根据参数控制附属设施的大小、方向及埋深等。

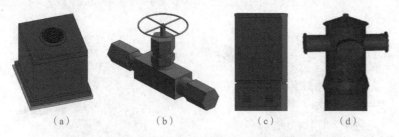

图 5-27　部分地下管线附属设施族
(a)窨井；(b)阀门；(c)交接箱；(d)消火栓

图 5-28　地下管线附属设施窨井族的参数设置窗口

基于系统创建的上述族库，地下管线 BIM 自动化建模系统（上勘院）软件能够实现地下管线精细化建模，不同附属设施能够按照实际情况进行连接。例如，管线与路灯之间使用小口径管线进行连接如图 5-29(a)所示；消火栓按照实际情况从底部延伸连接通道与给水管线进行连接如图 5-29(b)所示；分线箱根据实际情况在箱底向下延伸连接通道与电力管线进行连接如图 5-29(c)所示；交接箱根据实际情况在箱底向下延伸连接通道与通信类管线进行连接如图 5-29(d)所示。地下管线与窨井间的连接关系按照实际情况选择连续连接或断开。在实际情况中，雨水、污水管线与窨井在其内壁连接处断开[图 5-30(a)、(b)]；通信管线、燃气管线与其窨井附属设施连接处连续连接[图 5-30(c)、(d)]。

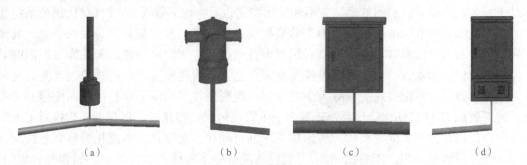

(a)　　　　　(b)　　　　　(c)　　　　　(d)

图 5-29　地下管线与附属设施间精细连接
(a)管线与路灯间的连接关系；(b)管线与消火栓间的连接关系；
(c)管线与分线箱间的连接关系；(d)管线与交接箱间的连接关系

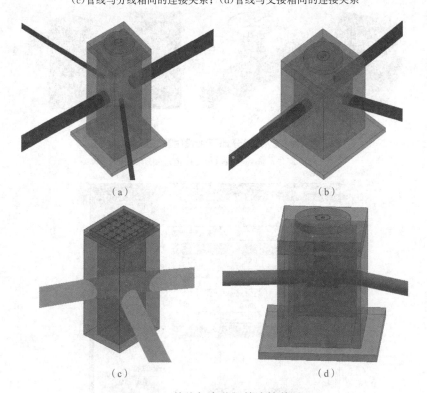

(a)　　　　　　　　　　(b)

(c)　　　　　　　　　　(d)

图 5-30　管线与窨井间的连接关系
(a)雨水管线与窨井间的连接关系；(b)污水管线与窨井间的连接关系；
(c)通信管线与窨井间的连接关系；(d)燃气管线与阀门窨井的连接关系

5.2.3　基于地下管线 BIM 自动化建模系统的管线建模

地下管线 BIM 自动化建模系统基于 Microsoft Visual Studio 平台，通过对 Revit 软件进行二次开发，建立了地下管线建模功能模块，实现地下管线数据批量自动导入、多孔管线排布设置、管线避让、管线自动连接及管线数据导出等多项功能。该系统能够通过批量导入地下管线探测成果数据，选择标准的附属设施和连接件族，按照实际情况自动建立地下管线 BIM 三维模型。具体参数化建模过程通过［任务四］进行阐述。

［任务四］基于地下管线 BIM 自动化建模系统进行管线建模实践

1. 检查数据格式

地下管线 BIM 自动化建模前首先需要对数据格式进行检查，确定其中的数据信息是否完整、逻辑连接是否正确、格式是否符合建模要求等。建模系统所涵盖的管线、属性信息较多，其设定的数据格式内容主要有管点编号、点号、横坐标、纵坐标、地面高程、管顶埋深、管径、孔数或缆数、管点类型(附属设施)、上点号、中心埋深、材质等共 21 项，模型建立后，各类管线的属性信息均能通过项目的"属性浏览"模块进行查看。表 5-1 为地下综合管线数据整理完成后的数据格式表格，涵盖了管线属性大部分信息。

2. 创建地下管线模型

首先通过"常用管径尺寸设置"对管线 Excel 表格数据进行识别，获取相应的管线属性信息，包括管线类型、管径大小、孔数、排列方式等，单击"获取截面"按钮能够快速将多孔管线进行识别并自动排列(图 5-31)。通过地下管线 BIM 自动化建模软件将管线数据进行加载，对其中自动匹配的管线属性信息(材质、管径及附属设施等)进行核实确认，确认无误后创建地下管线 BIM 初步模型(图 5-32)。

3. 管线检测及修改

地下管线数据创建时，常出现部分数据加载失败，因此，需要对原始数据进行检测分析，编辑修改错误信息，并再次创建。图 5-33 所示为地下管线未成功创建的管线数据，图中列表反映未成功创建 BIM 模型的原因是"管径未知"，此时可通过补充缺失数据重新创建。

模型初步创建成功后对其进行碰撞检测，分析存在碰撞的原因，以进行编辑修改，形成最终地下管线 BIM 模型。如图 5-34 所示，单击软件页面"碰撞检查"功能，进行管线碰撞检测。本模型发现存在以下三种碰撞情况：

(1)地下管线间的碰撞主要出现在多孔管线与其他管线之间[图 5-35(a)]；

(2)管线与其附属设施间的碰撞主要出现在管线与窨井、雨箅附属设施之间[图 5-35(b)]；

(3)附属设施与附属设施间的碰撞主要出现在窨井附属设施之间[图 5-35(c)]。

管线碰撞检测结果通过 Excel 表格导出，如图 5-36 所示。Excel 表格详细显示了管线碰撞的具体坐标、点号等相关信息，将极大提升外业班组对碰撞管线间的复核效率。

4. 模型展示及数据入库

根据上述建模步骤完成地下管线精细建模工作。地下管线 BIM 模型整体分布如图 5-37 所示。地下管线 BIM 模型局部分布如图 5-38 所示。上述地下管线 BIM 模型创建完成之后，导入数据库中保存，后续工程项目可直接查看、调用及导出，有效满足实际工程的需求。

表 5-1　地下综合管线数据表

编号	点号	横坐标/m	纵坐标/m	地面高程	管顶埋深	管径	孔数或缆数	管点类型	上点号	中心埋深	井底埋深	井底标高	排列方式	备注
1	D1	−22 827.342	−4 385.21	4.102	1.08			人孔	D4		0.97	3.13		
2	D10	−22 834.216	−4 406.865	4.229	0.75	900×200	10		D17	0.85			9×1+1	
3	D100	−22 817.886	−4 349.884	4.216	0.98	450×150	3		D12	1.06			3×1	
4	D101	−22 817.380	−4 348.516	4.216										
5	D11	−22 825.944	−4 380.596	4.236	0.96	450×150	3		D2	1.04			3×1	
6	D12	−22 822.821	−4 363.114	4.269	0.91	450×150	3		D11	0.99			3×1	
7	D13	−22 817.582	−4 349.130	4.216	0.99			人孔	D100		1.01	3.21		
8	D13	−22 817.582	−4 349.130	4.216	0.99			人孔	D101		1.01	3.21		
9	D17	−22 829.844	−4 422.034	4.178										
10	D2	−22 827.010	−4 384.338	4.130	1.08				D1					
11	D3	−22 826.837	−4 385.108	4.114	1.08				D1					
12	D4	−22 827.696	−4 386.105	4.093	1.08	900×200	10		D9	1.18			9×1+1	
……														
21357	Y86	−22 826.701	−4 349.642	3.958	0.71	200		雨水箅	Y94	0.81	1.00	2.96		
21358	Y87	−22 846.166	−4 386.065	4.275	3.90	1 000		管井	Y94	4.40	4.91	−0.64		
21359	Y88	−22 852.667	−4 403.797	4.123	3.60	1 000		管井	Y87	4.10	4.60	−0.48		
21360	Y89	−22 856.124	−4 402.695	4.070	0.90	200		雨水箅	Y88	0.98	1.10	2.91		
21361	Y90	−22 847.587	−4 405.434	4.013	0.88	200		雨水箅	Y88	0.98	1.10	2.91		
21362	Y91	−22 831.498	−4 391.533	4.020	3.60	1 000		管井	Y87	4.10	4.60	0.58		
21363	Y92	−22 830.209	−4 388.351	3.952	0.81	200		雨水箅	Y91	0.91	1.10	2.85		
21364	Y93	−22 833.018	−4 396.864	3.990	0.81	200		雨水箅	Y91	0.91	1.10	2.89		

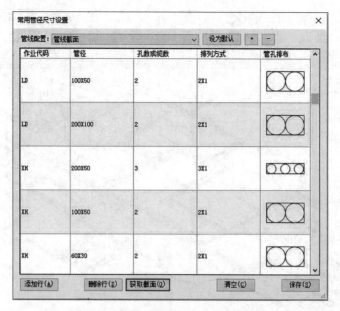

图 5-31　常用管径尺寸设置

图 5-32　地下管线建模系统数据导入

图 5-33　未成功创建的管线数据

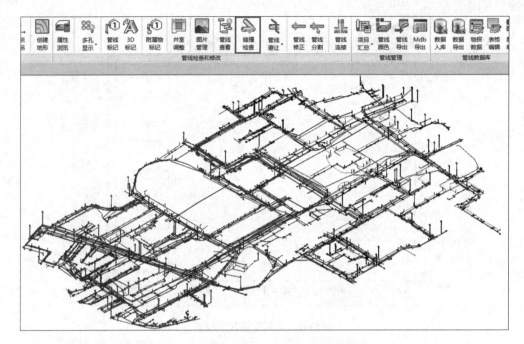

图 5-34　框选局部区域管线进行碰撞检测

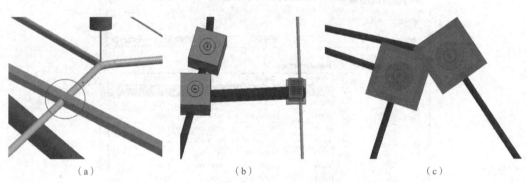

（a）　　　　　　　　　　（b）　　　　　　　　　　（c）

图 5-35　选定区域管线存在碰撞的类型

（a）管线与管线；（b）管线与其附属设施；（c）附属设施与附属设施

管线碰撞检查								
当前点号	上点号	坐标点（x,y）	类型	当前点号	上点号	坐标点（x,y）	类型	碰撞类型
J05133	J05129	（-3791.567…	管道	J05128		（-3791.458，-3993.869）	阀门井	管线与附属物碰撞
J05129	J05131	（-3791.581…	管道	J05128		（-3791.458，-3993.581）	阀门井	管线与附属物碰撞
LD0555	LD0552	（-3768.903…	管道	J0582	J0584	（-3768.767，-3981.979）	管道	管线与管线碰撞
LD0555	LD0556	（-3768.903…	管道	J0582	J0571	（-3768.767，-3981.979）	管道	管线与管线碰撞
LD0557	LD0558	（-3766.269…	管道	J0574		（-3765.917，-3976.035）	阀门井	管线与附属物碰撞
				J0575		（-3766.081，-3976.035）	阀门井	管线与附属物碰撞
M05103	M05105	（-3788.268…	管道	J0583	J05130	（-3779.418，-3982.137）	管道	管线与管线碰撞
M05105	M05106	（-3786.907…	管道	W05202		（-3785.904，-3978.245）	窨井（圆形）	管线与附属物碰撞
W05206		（-3789.147…	窨井（圆形）	J0583	J05130	（-3779.418，-3982.137）	管道	管线与附属物碰撞
				J0584	J03384	（-3779.362，-3981.718）	管道	管线与管线碰撞
W05206	W05208	（-3789.147…	管道	J0584	J03384	（-3779.362，-3981.718）	管道	管线与管线碰撞
W05208		（-3791.040…	窨井（圆形）	J05129	J05131	（-3791.581，-3993.581）	管道	管线与附属物碰撞
W05206	W05205	（-3789.147…	管道	M05103	M05105	（-3788.268，-4012.284）	管道	管线与管线碰撞
W05205		（-3786.435…	窨井（圆形）	M05103	M05105	（-3788.268，-4012.284）	管道	管线与附属物碰撞
W05209		（-3791.216…	雨篦	J05128	J05130	（-3791.458，-3993.455）	管道	管线与附属物碰撞

导出表格　　　　　　　　　　　　　　　　　　　　　　　　　　　　关闭

图 5-36　导出管线碰撞检测结果

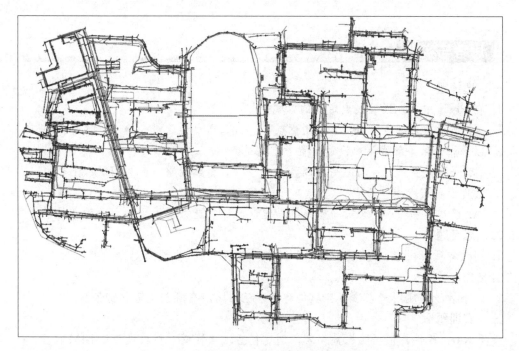

图 5-37　地下管线 BIM 模型整体分布图

图 5-38　地下管线 BIM 模型局部分布图

项目小结

　　在本项目中，首先介绍了"管道"工具与"结构框架"工具，以两个不同的族类型分别创建地下管道与地下箱涵[任务一]；然后以地下给水管道系统的管道阀门井与室外消火栓为例，学习地下管线附属设施的创建与其属性参数设置，附属设施与管路连接[任务二]；最后，通过创建室外给水排水管道系统、设置管道类型，应用管道布管系统配置对管道材质、型号、尺寸、首选连接方式（管件）等室外给水排水管道系统进行预设定[任务三]。通过完成上述三个任务，最终完成整个地下给水系统的 BIM 模型创建。

　　另外，本项目介绍了基于"地下管线 BIM 自动化建模系统"的地下管线建模方式[任务四]，以拓展读者对 BIM 建模前沿技术的了解与认知。

思考与实训

一、选择题

1. 在 Revit 中，地线管线点定位的方式是(　　)。

  A. 通过项目基点　　　B. 通过测量点　　　C. 通过参照线　　　D. 通过参照点

2. 以下属于地下管线附属设施放置考虑的是(　　)。

  A. 平面放置　　　　B. 高程调整　　　　C. 参数调整　　　　D. 以上皆可

3. 管件设置应考虑(　　)。(多选)

  A. 管道类型命名　　B. 布管系统设置　　C. 管道系统设置　　D. 管道材质设置

二、思考题

1. 回顾本项目内容，对"手动建模"与"自动建模"的特点进行总结，并分析它们的区别与各自优势。

2. 地下管线常规创建方法与自动化建模系统相比，有哪些优势和劣势？

三、实训题

使用 Revit 软件，依据物探数据表，创建包括污水管道及附属设施等 BIM 模型。

要求：管道类型及管道系统类型、直径、空间定位(坐标与高程)设置正确；附属设施的族类型、外观尺寸、空间定位(坐标与高程)设置正确；将文件命名为"实践项目_地下污水管道系统 BIM 模型"，以"＊.rvt"格式保存。

项目 6

地下管线 BIM 模型分类编码

教学要求

知识要点	能力要求	权重
地下管线分类代码及编码规则、作用	了解并掌握地下管线分类代码及编码规则、作用；掌握依据标准对不同种类地下管线进行编码的方法	20%
Dynamo 基础操作界面	掌握 Dynamo 界面构建块、节点剖析、查找和放置节点、连接节点、图表视图与背景预览等操作	20%
地下管线模型与编码信息映射关系的建立	掌握 Revit 族类型名称通过导出明细表，建立模型与编码信息映射关系的操作	30%
地下管线模型 Dynamo 编码节点编写与关联	掌握 Dynamo 表格数据读取节点、族类型名称读取节点、信息关联节点的使用	30%

任务描述

地下管线分类编码在地下管线工程规划、勘察、设计、施工、运维等各个阶段的可视化、信息化、标准化管理上发挥着重要的作用。本项目将介绍编码对于地下管线 BIM 模型的意义和作用，以及编码编制的参考标准及要求。在本项目中，读者将通过实践任务学习可视化编程软件基础知识，并利用 Dynamo 软件为地下管线 BIM 模型案例进行编码。

职业能力目标

(1)掌握地下管线分类代码及编码规则。

(2)了解地下管线分类编码的作用。

(3)掌握 Dynamo 软件的基础操作界面。

(4)掌握地下管线族类型名称与编码信息映射关系的建立。

(5)掌握 Dynamo 模型与编码信息快速关联的节点制作。

(1) 完成 Dynamo 基础操作。
(2) 完成 Revit 地下管线明细表导出，建立模型与编码信息映射关系。
(3) 完成 Dynamo 编码节点编写。
(4) 完成 Dynamo 地下管线模型与编码信息快速关联的操作。

📖 案例引入

同项目 3【案例引入】。

6.1　地下管线 BIM 模型分类与编码

地下管线 BIM 模型进行分类与编码是为了实现地下管线新建、迁改与运行管理全周期信息的有序分类与传递；实现现状地下管线的管理成本预算与控制；促进地下管线模型数据库的建立并规范地下管线信息交换与共享方式。地下管线 BIM 模型编码填补了地下管线数字化信息模型的分类与编码应用空白，对推进地下管线产业信息化，实现地下管线行业设计、建设、投资、标准、造价的信息化管理具有重大的意义。

地下管线 BIM 模型的对象包括地下管线、地下管线附属物。地下管线 BIM 模型应按照管线进行统一分类和编码。地下管线 BIM 模型对象可分为大类和小类。地下管线分类代码采用管线种类中文名称的汉语拼音首字母组合表示。大类按功能或用途又可分为给水(JS)、排水(PS)、燃气(RQ)、热力(RL)、电力(DL)、通信(DX)、工业(GY)、其他管线(QT)；小类是在大类的基础上依据传输介质性质、权属或用途等划分，同一小类的地下管线及其附件宜采用同一编码，如管线、管件、管线附件等。地下管线 BIM 模型的编码要保证唯一性，本项目所用对象分类代码与编码见表 6-1，地下管线 BIM 模型信息的分类编码规则见表 6-2，地下管线 BIM 模型附属物分类与代码表按表 6-3 执行。

表 6-1　地下管线 BIM 模型的分类代码、编码

管线类别		分类代码		编码
		大类码	小类码	
给水管道	专用消防水管线	JS	XF	5104
排水管道	雨水管道	PS	YS	5201
	污水管道		WS	5202
电力	路灯电缆	DL	LD	5502
	电力电缆沟		LG	5506
电信管线	电信电缆	DX	DX	5601

表 6-2　地下管线 BIM 模型信息的分类编码规则

类型	国家基础地理信息要素分类	地下管线类别代码	地下管线子类代码	管段或管线节点代码	管线节点序列号	地下管线种类编码规则按不同分级成组合码，长度为 10 位示例 5104039999
第一位	5					5××××××××
第二位		1~8				×8×××××××
第三四位			01~14			××14××××××
第五六位				00~03		×××03×××××
第七至十位					0001~9999	×××××9999

表 6-3　地下管线 BIM 模型附属物分类与代码表

管线类型	附属物		编码
	分类	代码	
给水	阀门井	FMJJ	510103
	消火栓	XFS	510120
排水	污水井	WSJP	520126
	雨水井	YSJP	520133
	雨水算	YSB	520134
电力	检修井	JXJD	550102
	灯杆	DG	550115
	路灯	LD	550130
通信	手孔	SKT	560102

⚙ 提示

其他管线或附属物类别请参考《地下管线 BIM 模型技术规程(征求意见稿)》。

6.2　可视化编程方式快速编码

在实际项目中进行编码，需要给成千上万个模型构件输入特定的构件编码(BIM 模型构件唯一的识别码)，如果采用人工逐一输入，效率会非常低，因此，需要使用编程方式让计算机自动生成、输入编码，这样可以大幅提高地下管线 BIM 模型的设计效率。Revit 从 2017 版开始，就内置了一个可视化编程插件——Dynamo，这是一种可视化简易编程工具，让建筑工程师可以跨专业对模型构件进行快速编码。

6.2.1 Dynamo 基础简述

1. 可视化工具 Dynamo 简介

Dynamo 是用于自定义建筑信息工作流的图形编程界面，能为工程师提供开源可视化编程平台。在 Autodesk Revit 2017 及以后版本中，Dynamo 已经作为默认安装插件，为初学者提供了便利的学习和使用机会。

Dynamo Studio 是一款强大且易学易用的编程平台，它为包括 Revit 在内的一系列 Autodesk 产品（如 Advance Steel、Formit、React Structure 等）实现了功能拓展，帮助用户实现了更智能的三维模型创建，以及更便捷的管理模型信息，但对于掌握一定 Autodesk Revit 基本操作的初学者而言，建议通过 Revit 内置插件学习 Dynamo。

Dynamo 作为一款可视化程序设计软件，以脚本的形式提供给使用者一个图形化的界面，组织联结预先设计好的节点（Node）来表达数据处理的逻辑，形成一个可执行的程序，降低传统程序编写的复杂度，让开发者能多专注于功能开发本身。由于 Dynamo 程序与 Revit 的 BIM 能及时联动、无须输出，对复杂几何、参数化造型设计、资料联结、工作流程自动化等工作都能提供很好的帮助。

在 Dynamo 问世之前，使用 Revit 对模型构件进行编码、建模作业时大多要靠人力手工来逐一实施。当然，Revit 也提供了很多插件供工程师和设计师使用，但插件只能解决一些特定问题，或提高某一类型构件的建模效率，无法针对个人需求提出具体的解决方案。再者，插件的开发时间很长，成本很高，无法应对项目的即时需要。

使用 Dynamo 后，很多大批量与机械化的工作（如大批量对模型构件进行快速编码）可以交给软件自动创建，而设计师们可以将更多的注意力投放在 BIM 模型本身，大大促进了设计质量和效率的提升，推动了手工绘图向程序自动设计的重大飞跃。

读者可以在 Autodesk 官方网站上浏览相关的介绍视频，领略 Dynamo 的强大功能。

2. Dynamo 操作简介

（1）工作界面（以下使用的 Dynamo 版本为 2.0.4）。Dynamo 工作界面如图 6-1 所示。编号①为菜单栏；编号②为快捷工具栏；编号③为节点库；编号④为程序执行栏，可在自动与手动间切换；编号⑤为工作空间（右上角的图标帮助用户在程序编辑界面和三维预览视图界面切换）。

（2）界面操作。Dynamo 界面操作可分解为构建块、节点剖析、查找和放置节点、连接节点、程序编辑视图和三维预览视图五个步骤。

1）构建块。Dynamo 工作界面节点如图 6-2 所示。编号①节点所示对象或函数；编号②可以将节点连接在一起，以形成一组有关处理数据和/或创建几何图形的说明；编号③节点连接在一起的方式将决定操作的顺序。数据在节点之间流动，并在图形中从左至右执行。

2）节点操作。节点操作如图 6-3 所示。编号①为输入端口，将鼠标光标悬停在其上方可显示默认值及此端口接受的输入类型，通过将某节点连接至此端口可覆盖默认值；编号②为输出端口，将鼠标光标悬停在其上方可显示节点返回的输出类型；编号③为预览气泡图，将鼠标光标悬停在此节点上方可显示输出的详细信息，预览气泡图不能输入，通过单击"锁定"，可以使预览气泡图保持打开。

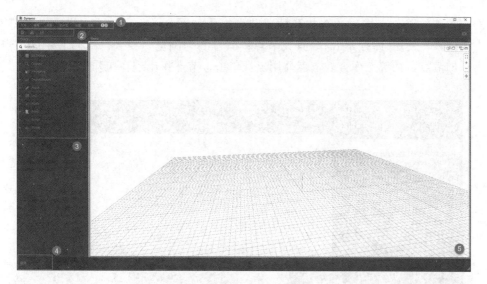

图 6-1　Dynamo 工作界面

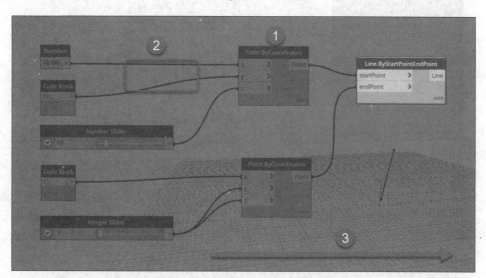

图 6-2　Dynamo 工作界面节点

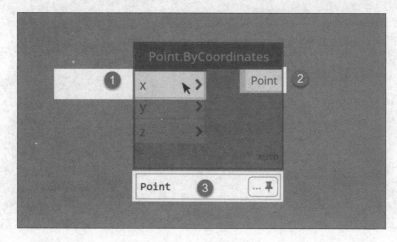

图 6-3　节点操作

3)查找和放置节点操作。查找和放置节点操作如图 6-4 所示，节点库位于屏幕左侧，编号①为搜索，使用"库搜索"命令查找节点；编号②为浏览，找到"库类别"中的节点；编号③为添加节点，在节点库查找节点并用鼠标单击，节点将出现在工作界面中。

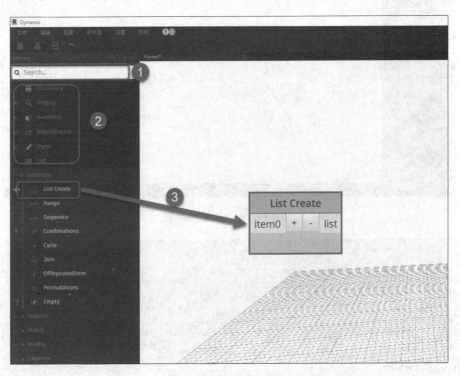

图 6-4　查找和放置节点操作

4)连接节点操作。连接节点操作如图 6-5 所示。编号①为单击某个节点的输出端口；编号②为将导线拖动到另一个节点的输入端口，并再次单击以进行连接；编号③为在工作界面中单击空白区域，以取消未连接的虚导线；编号④为单击导线连接的右侧端口，然后将其拖离并单击工作界面中的空白区域，以删除原连接导线。

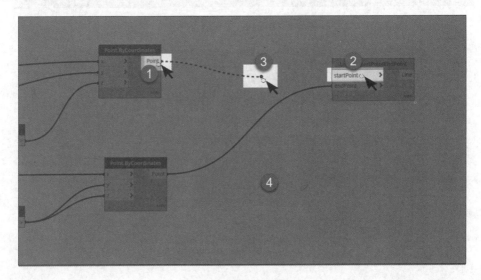

图 6-5　连接节点操作

5）程序编辑视图和三维预览视图。节点可视化如图 6-6 所示，在 Dynamo 中，可同时看到两个视图。编号①程序编辑视图，在此视图进行节点编辑；三维预览视图，几何图形在此实现可视化。其中，编号①从"程序编辑视图"切换到"三维预览视图"；编号②使用"缩放匹配"按钮分别控制每个视图的缩放；编号③通过移动鼠标光标平移每个视图。

6.2.2　使用 Dynamo 快速编码

Dynamo 编码流程为导出对应模型族类型名称明细表→制作族类型名称与编码信息映射关联表→模型与编码信息关联节点制作→新建关联信息的项目参数→运行编码节点并检查模型关联信息完整性，如图 6-7 所示。

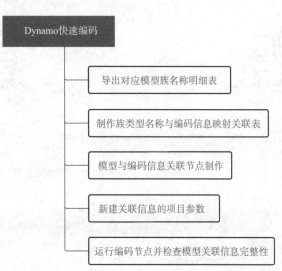

图 6-7　Dynamo 快速编码流程

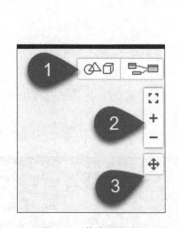

图 6-6　节点可视化

1. 导出对应模型族名称明细表

（1）"视图"选项卡→"创建"面板中的"明细表"下拉菜单→选择"明细表/数量"命令，如图 6-8 所示，进入"新建明细表"对话框。

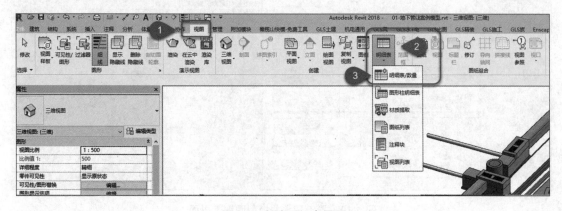

图 6-8　新建明细表界面

(2)选择对应族类别新建并导出明细表。本次以"污水井"信息关联为例，污水井组类别为"常规模型"，新建"污水井明细表"，选择"族与类型""类型"字段，如图 6-9 所示。导出明细表，如图 6-10 所示。导出的明细表为 ＊.txt 格式文件，通过 Excel 打开，在弹出的"文本导入向导"对话框中单击"下一步"按钮直至完成，如图 6-11 所示，并另存为 ＊.xls 格式文件"污水井明细表"。

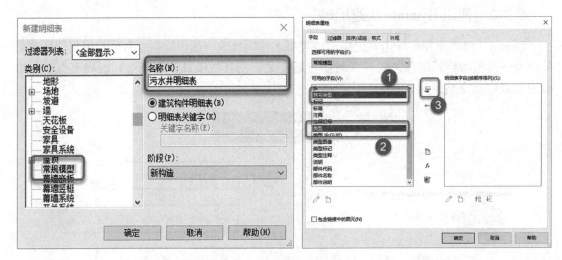

图 6-9 新建污水井明细表

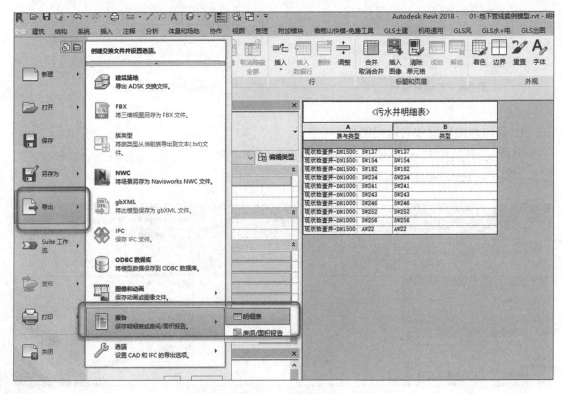

图 6-10 导出污水井模型明细表界面

图 6-11　另存明细表为 xls 格式

　说明

明细表功能在本节中仅进行初步应用，其更多功能将在项目 9 中继续进行深入讲解。

2. 制作族类型名称与编码信息映射关联表

通过 Excel 打开"污水井明细表"，根据本节地下管线 BIM 模型信息分类编码规则，对污水井进行编码，如图 6-12 所示（注意：在 Revit 模型中，每个族的类型名称均具有唯一性，建模时应制定类型名称唯一性的标准）。

	A	B	C	D
1	类型名称	地下管线编码	横坐标	纵坐标
2	5W137	5201260016	2521261.35	491964.13
3	5W154	5201260001	2521289.17	491999.00
4	5W182	5201260004	2521323.48	492042.21
5	5W234	5201260007	2521327.40	492071.42
6	5W241	5201260009	2521308.40	492047.87
7	5W243	5201260008	2521327.40	492071.42
8	5W246	5201260010	2521308.40	492047.87
9	5W252	5201260015	2521257.34	491984.00
10	5W256	5201260014	2521271.59	492002.01
11	AW22	5201260002	2521289.17	491999.00
12				
13				

图 6-12　族类型名称编码信息表

3. 模型与编码信息关联节点制作

依照所提供的 Dynamo 编码节点，仿制编写，如图 6-13 所示。

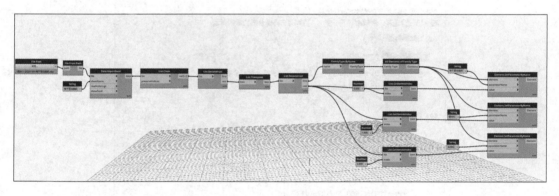

图 6-13　Dynamo 编码信息关联节点

编码信息节点仿制可分为三大部分，即去除首行按列读取数据节点，如图 6-14 所示（若数据为纯数字要将数据转换为文本型数字使用）；获得族类型名称与模型对应节点，如图 6-15 所示；编码信息关联节点，如图 6-16 所示。请依次仿制编写。

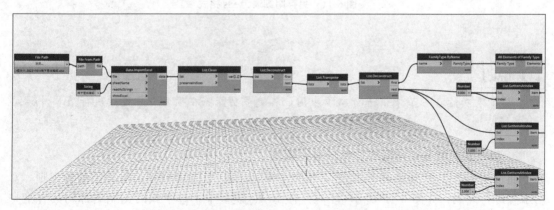

图 6-14　去除首行按列读取数据节点

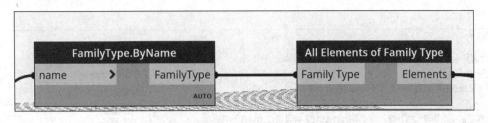

图 6-15　获得族类型名称与模型对应节点

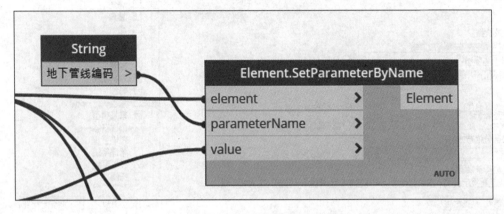

图 6-16　编码信息关联节点

4. 新建关联信息的项目参数

在 Revit 中，单击"管理"选项卡"设置"面板中的"项目参数"按钮，即可在"项目参数"对话框中添加所需关联信息的参数，如图 6-17 所示。当设置项目参数时，参数类型为"文字"，参数分组方式选择"其他"，勾选所需关联参数的族类别，如图 6-18 所示。

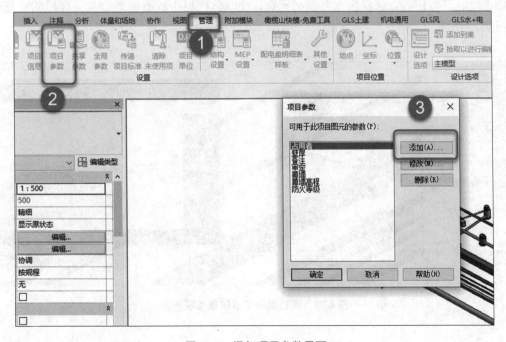

图 6-17　添加项目参数界面

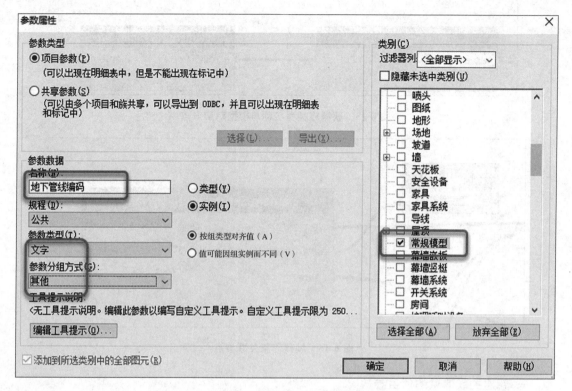

图 6-18　项目参数设置界面

5. 运行编码节点并检查模型关联信息完整性

通过"File Path"节点浏览"污水井族类型名称与编码信息映射关联表"，在 Dynamo 界面单击"运行"按钮后，选择污水井模型元素，在"属性"栏中检查模型信息关联后的完整性，如图 6-19 所示。

图 6-19　运行编码节点信息关联界面

项目小结

为快速构建地下管线 BIM 模型，使不同阶段的信息可视化并得以协同管理，在本项目中，介绍了《地下管线 BIM 模型技术规程》中对于地下管线分类及编码规则，并通过应用 Dynamo 软件，快速构建地下管线模型与编码信息映射关系，为地下管线 BIM 模型设计效率提升提供支持。

思考与实训

一、选择题

1. 地下污水管线的分类代码及编码是(   )。

    A. PS、5201   B. PS、5202   C. WS、5201   D. WS、5202

2. Dynamo 的界面操作有(   )。

    A. 构建块   B. 节点剖析   C. 查找和放置节点 D. 以上皆可

3. Dynamo 编码流程包含(   )。(多选)

    A. 导出对应模型族名称明细表

    B. 制作族类型名称与编码信息映射关联表

    C. 模型与编码信息关联节点制作

    D. 新建关联信息的项目参数

    E. 运行编码节点并检查模型关联信息完整性

二、思考题

Dynamo 信息关联由哪几大部分组成？最主要的核心节点有哪些？

三、实训题

通过 Dynamo 结合 Revit 的方式，将项目 5 中的地下给水专业的阀门井模型进行编码关联。

要求：参考编码标准编制编码表；编写 Dynamo 编码节点；将给水专业阀门井进行编码，以"＊.rvt"格式保存。

项目 7

项目协作方式

教学要求

知识要点	能力要求	权重
Revit 项目协作方式及应用场景	掌握 Revit 基于 BIM 模型的两种项目协作方式区别、优点、缺点及应用场景（如何提高工作效率）	20%
"模型链接"协作方式实践操作	掌握"链接模型"的协作操作，包括 BIM 模型链接，以及对链接模型进行图元复制、监视侦察、可见性设置等操作	50%
"中心文件"项目协作方式实践操作	掌握"中心文件"项目协作方式的实践操作，包括启用工作共享、创建中心文件、工作集、子文件等操作	30%

任务描述

在应用 BIM 技术的地下管线建设项目中，通常由多位不同专业的工程师（如电力、电信、给水排水、消防、燃气等）基于地下管线 BIM 模型进行设计及管线优化等作业，各专业间的深度协作对项目的优质设计至关重要。Revit 软件提供文件"链接"协作及"中心文件"协作两种不同的项目协作方式。其中，文件"链接模型"项目协作方式也称为"延时"协作方式；"中心文件"项目协作方式也称为"实时"协作方式。本项目将介绍这两种项目协作方式的区别、优点、缺点及实践应用。

职业能力目标

（1）掌握 Revit 软件基于 BIM 模型两种项目协作方式的区别、优点、缺点及应用场景。

（2）掌握"链接模型"项目协作方式的实践操作，链接模型的管理及"协作"选项卡各类功能的应用。

（3）掌握"中心文件"项目协作方式的实践操作，以及中心文件的创建、修改及权限设置。

典型工作任务

（1）地下管线 BIM 模型的文件链接、链接卸载与重载，以及链接模型绑定等操作。

（2）实践项目工作集启用，中心文件的创建、修改及权限设置。

同项目 3【案例引入】。

项目成果展示如图 7-1 所示。

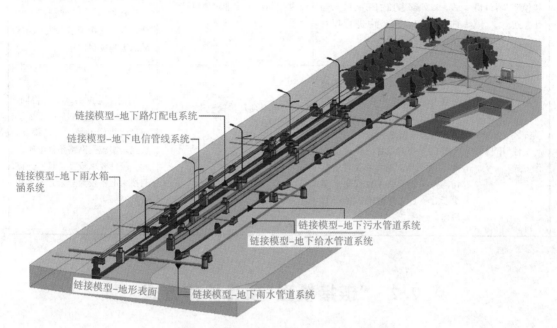

链接模型-地下路灯配电系统

链接模型-地下电信管线系统

链接模型-地下雨水箱涵系统

链接模型-地下污水管道系统

链接模型-地下给水管道系统

链接模型-地形表面

链接模型-地下雨水管道系统

图 7-1　项目成果展示各专业模型链接

7.1　基于 BIM 的项目协作方式概述

　　地下管线建设项目，通常需要多位不同专业的工程师（如电力、电信、给水排水、消防、燃气等）进行协同设计，各专业之间的深度协作对项目的优质设计至关重要。传统的"二维平面 CAD 图纸＋协调会"的方式，存在着诸多因物理空间考虑欠缺造成"错漏碰缺"等设计失误问题，使地下管线建造过程反复修改设计、返工、误工。对于功能系统日趋复杂、建造维护要求越来越高的城市地下管线项目，基于 BIM 模型进行设计及管线优化的项目协作方式，可有效解决传统设计方式导致的上述问题。

　　基于 BIM 模型的项目协作方式有很多，本书主要介绍使用 Revit 软件就能实现的两种项目协作方式，即"链接模型"协作与"中心文件"协作。其中，"链接模型"需要前一专业 BIM 模型定稿之后将其链接进当前专业进行协同应用，相对于最佳协作时机有一定的延迟，因而也可称其为"延时"协作方式；而"中心文件"方式则可实现在同一项目文件中进行多专业同时协同作业，并实时向所有协同人员反馈作业结果，因而又可称其为"实时"协作方式。两种项目协作方式之间的区别、各自的优势见表 7-1。

表 7-1　Revit 两种项目协作方式

协作方式	实施方式	实施条件	优点、缺点
方式一："链接模型"项目协作方式	将不同专业定稿的 BIM 模型通过软件"链接 Revit"模型的方式，以外部参照的形式载入当前专业 BIM 模型中进行项目协作	被"链接"的专业定稿后	相对于方式二，其优点是实施便捷、成本低、受网络或硬件限制小；缺点是无法实时协作，具有一定程度延时。因此，其不适用于多团队、跨区域的远程项目协作
方式二："中心文件"项目协作方式	在局域网或互联网的中心服务器上创建一个中心文件(也称为主模型)，各专业工程师可基于中心文件创建本地子文件(用于各自专业的设计、修改等作业)，并可实时对中心文件进行访问查阅，根据各自权限同步更新对中心文件的修改的项目协作	(1)具备项目传输要求的局域网或互联网；(2)具备存储中心文件且硬件配置符合要求的中心服务器；(3)创建好中心文件并设置好各协作对象的权限	其优点是可实现实时协同，在满足实施条件的前提下团队成员的协作不受时空的限制；缺点是实施受网络条件限制较大、硬件要求较高，且实施前期技术准备较为复杂并成本相对较高

7.2　"链接模型"项目协作方式

7.2.1　"链接 Revit"模型

"链接模型"是指在当前(打开的)专业的 BIM 项目文件中，将另一个专业定稿的 BIM 模型文件以链接方式载入的操作，当前 BIM 模型称为主模型(或当前项目)，而被载入的模型称为链接模型(或链接项目)。

[任务一]打开地下管线雨水管道系统 BIM 模型，并链接其他地下管线系统模型

(1)使用 Revit 软件，打开"配套资料/07 模块 7/01-实践项目-现状雨水管道系统"，打开"地下管线 BIM 建模平面"视图。

(2)如图 7-2 所示，单击"插入"选项卡"链接"面板中的"链接 Revit"按钮→在弹出的"导入/链接 RVT"对话框中，选择"配套资料/07 模块 7/03-实践项目-现状污水管道系统(．rvt)"→将"定位"设置为"自动-原点到原点"→单击"打开"按钮，将模型文件链接到当前项目中。

重复上述操作，将"配套资料/07 模块 7"中编号"02"~"06"的其他地下管线系统链接到当前项目，并将完成链接的项目文件以"实践项目-地下管线全专业 BIM 模型链接"命名，另存为新的项目文件，如图 7-3 所示。

在完成链接 Revit 模型操作之后，为避免链接的图形对象移动位置，需对链接进的文件进行"锁定"，如图 7-4 所示。选中链接模型，功能区将自动切换至"修改｜RVT 链接"上下文选项卡→在"修改"面板中单击"锁定"按钮 ，链接模型的位置将被锁定，若要对其移动或修改，必须先单击"解锁"按钮 。

图 7-2　链接模型

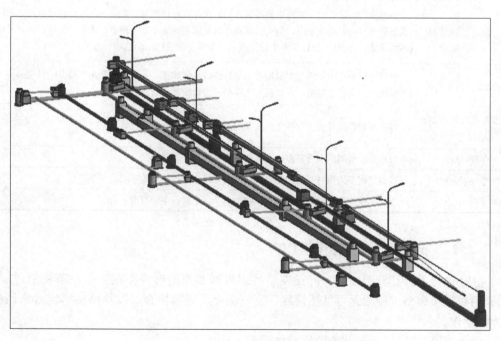

图 7-3　实践项目-地下管线全专业 BIM 模型链接

（3）在"链接 Revit"模型操作中，链接模型的定位方式共有 7 个选项，7 个选项的设定效果见表 7-2。

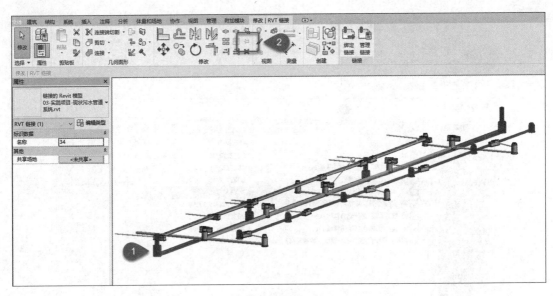

图 7-4　锁定链接模型

表 7-2　连接模型"定位"方式的设定效果

"定位"选项	设定效果
自动-中心到中心	链接模型将以其中心对齐主模型中心的定位方式进行自动放置。中心是指软件自动计算并确定的模型的几何中心
自动-原点到原点	链接模型将以其原点对齐主模型原点的定位方式进行自动放置。原点也称内部原点，在默认状态下其与项目基点重叠，但项目基点可以根据实际情况进行移动，移动后的项目基点与原点不再重叠，其类似 CAD 文件中的原点——世界坐标系(WCS)的(0,0,0)
自动-通过共享坐标	链接模型将在主体模型中根据共享坐标进行自动放置。共享坐标是在主模型中设定的一个与链接模型共享的坐标系，它体现了主模型与链接模型之间的相对位置
自动-项目基点到项目基点	链接模型将以其基点对齐主模型基点的定位方式进行自动放置
手动-原点	以链接模型的原点为基点，在当前项目中进行手动放置
手动-基点	以链接模型的项目基点为基点，在当前项目中进行手动放置
手动-中心	以链接模型的几何中心为基点，在当前项目中进行手动放置

7.2.2　"链接模型"的协作操作

完成"链接 Revit"模型之后，链接模型将以外部参照的形式存在。本小节将通过[任务二]介绍对链接模型进行图元可见性设置、复制图元、碰撞检查，以及链接绑定等常用的项目协作操作。

[任务二]完成"链接模型"的项目协作操作

1. 链接模型的可见性设置

模型的"可见性/图形替换"设置是项目协作过程中常用的操作，链接模型构件的"可见性/图形替换"除"按主视图"显示外，还可以独立进行设置。

如图 7-5 所示，打开[任务一]完成的"实践项目-地下管线全专业 BIM 模型链接"（以下简称"全专业模型链接")的三维视图，单击视图"属性"面板中"可见性/图形替换"后的"编辑"按钮，进入三维视图"可见性/图形替换"对话框中→选择"Revit 链接"选项卡→按步骤勾选对应选项的复选框，将"02-实践项目-现状路灯管线"设置为"半色调"，将编号"03"和"04"链接模型设置为"基线"，将"05"链接模型设置为"不可见"→单击"确认"按钮完成设置。设置完成后的全专业链接模型如图 7-6 所示。

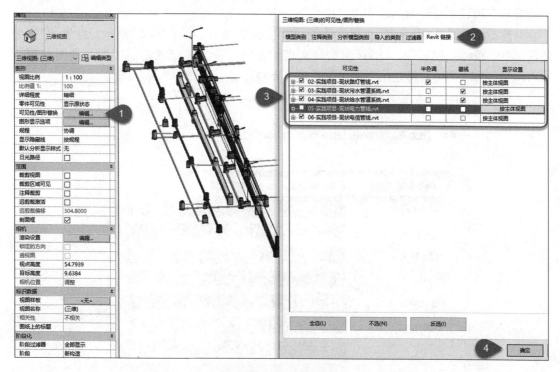

图 7-5　可见性设置

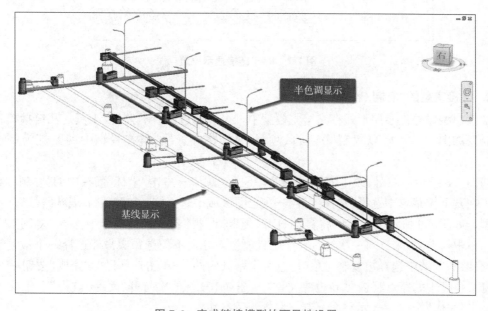

图 7-6　完成链接模型的可见性设置

123

在上述操作中，"可见性/图形替换"对话框中的"Revit 链接"选项卡包含以下内容：

（1）"可见性"：勾选该复选框可以在视图中显示链接模型，取消勾选该复选框可以隐藏链接模型。

（2）"半色调"：勾选该复选框可以按半色调显示链接模型。

（3）"基线"：勾选该复选框以将链接模型在项目中显示为底图。图元将以半色调显示，不会遮挡在项目中新绘制的线和边。

（4）"显示设置"：可设置为"按主体视图""按链接视图"或"自定义"显示。设置为"按主体视图"或"按链接视图"时，链接模型将在当前视图中按主模型或链接模型的视图参数显示，而"自定义"则可对链接模型的可见性进行单独设置，如图 7-7 所示。

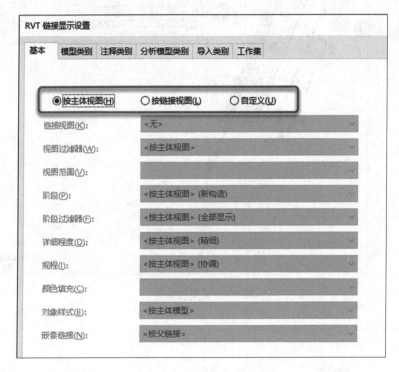

图 7-7 RVT 链接显示设置

2. 链接模型的"复制/监视"

链接模型以外部参照形式存在于主模型中，可以通过"复制/监视"工具，从链接模型中复制需要的图元。下面以复制"02-实践项目-现状路灯管线"链接模型中的路灯为例进行介绍。

如图 7-8 所示，在"修改│RVT 链接"上下文选项卡→单击"坐标"面板中的"复制/监视"按钮，在其下拉菜单中选择"选择链接"→在绘图区域中选择"02-实践项目-现状路灯管线"链接模型，如图 7-9 所示。功能区将自动打开"复制/监视"上下文选项卡→选择"复制"工具，在选项栏中勾选"多个"（可一次性选择多个被复制对象，不勾选每次只能选择一个被复制对象）→在绘图区域中选择被复制对象（任意两个路灯构件）→单击选项栏中"完成"按钮 ✔，此时，链接模型中的路灯将被复制进主文件中（图 7-10）→再次打开"复制/监视"上下文选项卡，单击"完成"按钮 ✔ 表示整个复制与监视流程结束。

图 7-8 启用[复制/监视]工具

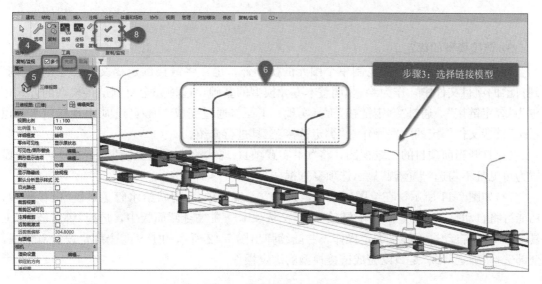

图 7-9 路灯复制操作页面

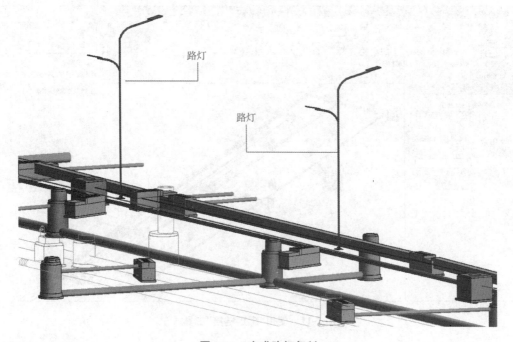

图 7-10 完成路灯复制

（1）在"复制/监视"的操作中，图7-9中所示的步骤⑦，完成的是"复制"工具的使用；步骤⑧是完成整个操作流程，因此需要单击两次"完成"按钮 ✔ 。

（2）监视的作用：在相同类型的两个图元之间建立监视关系。如果某一图元发生修改，则打开项目或重新载入链接模型时会显示一条警告，进行提示。

（3）"复制/监视"工具，在项目中经常用于不同专业模型间，标高轴网的复制与沿用。

3. 链接模型的绑定

在项目协作过程中，除复制单个图元的操作外，也常将链接的定稿文件，完全"复制"到自己的项目文件中，作为绘制/调整本专业模型的基础，这种完全复制链接模型的方式也称为"绑定链接"，通过"绑定链接"工具实现。下面将通过完成"04-实践项目-现状给水管道系统"链接文件绑定的实践操作对"绑定链接"工具进行介绍。

（1）打开当前项目的三维视图，将"04-实践项目-现状给水管道系统"链接文件可见性设置为可见且不勾选"半色调"显示选项复选框。

（2）如图7-11所示，在绘图区域中，选择"04-实践项目-现状给水管道系统"链接模型，功能区将自动打开"修改｜RVT链接"上下文选项卡→在"链接"面板中，选择"绑定链接"工具→Revit将自动进入链接绑定操作，并陆续弹出图7-12所示的①～④个绑定设置对话框，全部选择"确定"（或"是"）以完成链接模型的绑定操作。

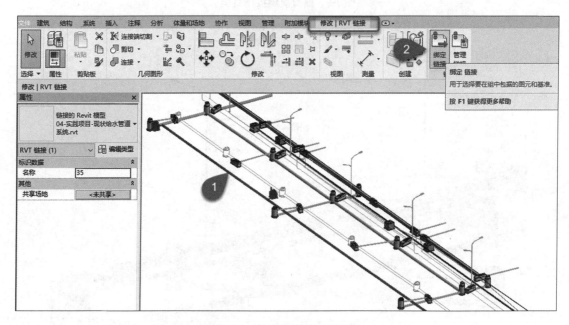

图 7-11　使用"绑定链接"工具

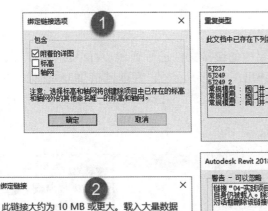
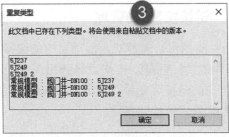
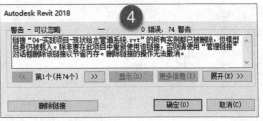

图 7-12　绑定链接设置

> ⚙ 提示
>
> 　　如图 7-12 所示为绑定链接设置。对话框①用于选择是否从链接文件中复制项目标高、轴网及附着的详图，若主模型已存在上述三个对象，则不勾选对它们进行复制；对话框②用于提示主模型与链接模型重复的族类型文件，可以取消对其复制或选择复制并使用来自链接文档中的版本；对话框③用于提示重复类型，软件默认将使用粘贴文档（即被绑定的文件）中的版本；对话框④选择删除链接后，该操作无法撤销。
>
> 　　需要特别注意的是，所有链接文件（包括 rvt、dwg、ifc 等）的删除，均不可撤销。

　　(3)如图 7-13 所示，绑定的模型默认成一个整体组，可以对这个组进行修改、删除等操作。对绑定完成后的图元进行修改，仍只是修改主文件内容，并不会影响到本机上原路径中被链接的模型文件。

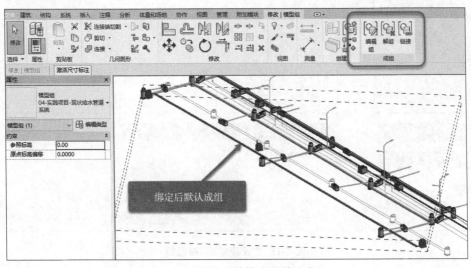

图 7-13　链接文件绑定后默认成组

7.2.3 "链接模型"的管理

(1)如图 7-14 所示，若需对当前项目中的链接文件进行管理，可单击"管理"选项卡"管理项目"面板中的"管理链接"按钮，将弹出图 7-15 所示的"管理链接"的对话框。也可在视图区中选中当前的链接对象后，在出现的"修改｜RVT 链接"上下文选项卡中执行"管理链接"命令，弹出"管理链接"对话框。

图 7-14　执行"管理链接"命令

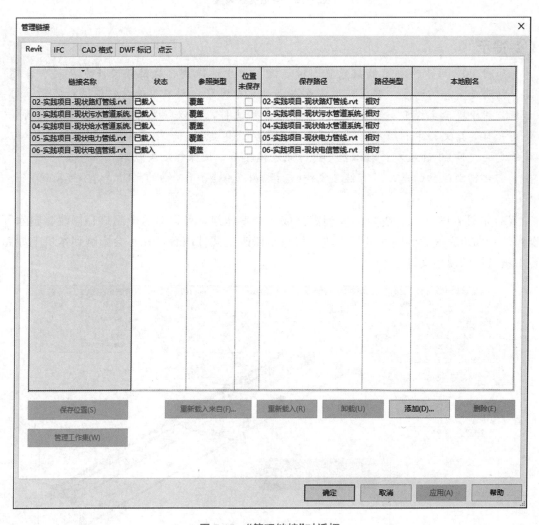

图 7-15　"管理链接"对话框

（2）在"管理链接"对话框中，可对已加载的链接对象执行"重新载入""卸载""删除"操作，也可添加新的链接对象，参照类型有"覆盖型"和"附着型"。因为"附着型"在多项目间链接时，可能会丢失，甚至会出现循环性链接嵌套现象。因此，建议使用"覆盖型"，如图 7-15 所示。

至此，已经完成［任务二］所有工作，请保存工作内容。

7.3 "中心文件"项目协作方式

在应用 BIM 技术的地下管线建设项目中，如果具有体量大、专业多、协同团队数量多、模型应用点多等特点，则模型搭建及项目协调的要求和难度也随之提高。"链接模型"项目协作方式具有一定程度的"延时"，无法满足项目协作的要求，"中心文件"项目协作方式则成为更好的选择。

"中心文件"项目协作方式是 Revit 多专业协同的最好方式，其协作方法是以中心文件为基础，再从中心文件中分离出子文件下发至各专业 BIM 工作人员。所有专业设计人员在同一个中心文件中进行项目设计和模型搭建，通过创建工作集，各专业与各专业内细分专业都可以控制自己专业内的构件权限，其他人员仅能可视化观察，可避免被其他专业或非相关人员进行编辑和修改，所有的设计过程始终在一个模型内完成，当设计过程结束后，可以直接获得设计模型。"中心文件"项目协作方式有效解决了 Revit 链接本地模型不能自动更新的情况，从而提高了各专业人员的协作效率。

由于中心文件模式具有良好的即时性特征，因此对于团队沟通与协调较为有益，但由于使用中心文件模式进行协同的过程中，各专业会创建很多工作集，容易导致工作集权限频繁交叉的问题，同时，在不断更新模型的过程中，中心文件模式会变得越来越大，导致模型越来越卡顿，同时不慎操作会有可能导致中心文件的损坏。

［任务三］创建实践项目用于团队协作的中心文件，并进行工作共享的相关设置

7.3.1 工作共享的启用及设置

（1）打开"配套资料/07 模块 7/实践项目_地下管线 BIM 模型（中心文件练习）"项目文件，再打开"三维"视图。

（2）启用协作及工作集设置。

1）启用项目"协作"（即启用工作共享）。如图 7-16 所示，在"协作"选项卡→单击"管理协作"面板中的"协作"按钮→这时 Revit 将弹窗提示即将启用协作功能，在"协作"对话框中选择"在网络内协作"，并单击"确定"按钮，完成 Revit 协作功能（也可称为工作共享）

129

的启用。

在协作功能启用的同时，也将启用"工作集"，"工作集"将由不可使用状态（灰显）变为激活状态（彩色），如图 7-17 所示。

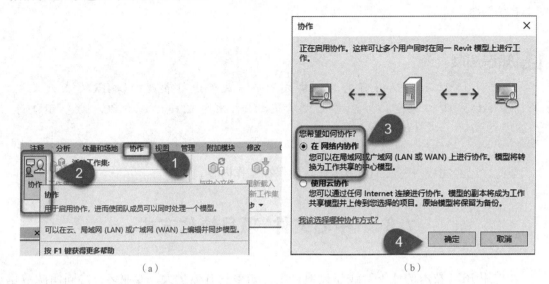

（a）　　　　　　　　　　　（b）

图 7-16　启用项目协作

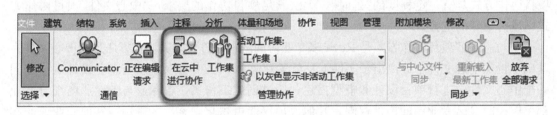

图 7-17　启用项目工作集

注意，在图 7-16(b)中，选择"在网络内协作"将会把创建的中心模型储存于所处网络（局域网或广域网）的服务器中；选择"使用云协作"则将中心模型上传于云端进行团队协同。

2)"工作集"设置。"工作集"可以对中心模型的各类图元进行归集并对这些图元进行统一管理，如活动状态、显隐状态及赋予编辑权限等。在"工作集"启用的同时，Revit 将自动创建"共享标高和轴网"和"工作集 1"两个工作集，分别归集共享的标高轴网图元和当前项目的其他图元构件，且自动将"工作集 1"设置为活动工作集。如图 7-18 所示，在"协作"选项卡"管理协作"面板中，单击"工作集"按钮将弹出图 7-19 所示的"工作集"对话框。"工作集"对话框中可设置的内容与作用见表 7-3。

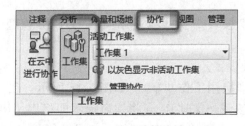

图 7-18　打开"工作集"设置对话框

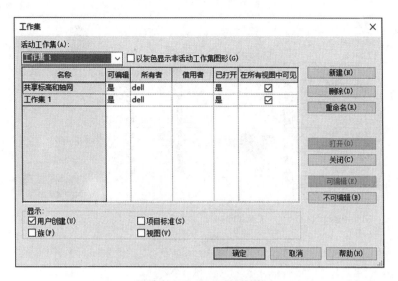

图 7-19 "工作集"对话框

表 7-3 工作集设置内容与作用

工作集设置内容	作用
活动工作集	当前视图中可作业的工作集,可将非活动工作集图形设置为灰色显示
所有者	即工作集启用者,它对应并自动识别 Revit 的软件用户名
可编辑	若所有者将"可编辑"设置为"是",则其他人无法编辑
借用者	由所有者授权的可对其他工作集模型内容进行编辑的协作人员
新建	用于创建新的工作集

3)新建工作集。工作集的设置需要在项目启动前讨论决定,一般由项目负责人根据项目协作需要而创建。设置原则取决于项目规模,并且根据不同的项目类型、启动时机、参与人数,工作集的划分也不尽相同。根据本实践项目要求,需要创建"01-雨水管道系统"等6个工作集,如图 7-20 所示。

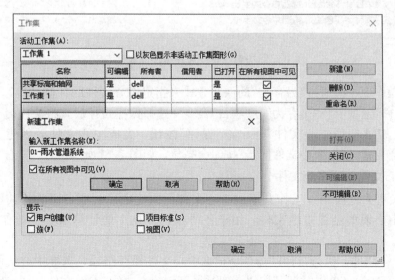

图 7-20 创建工作集

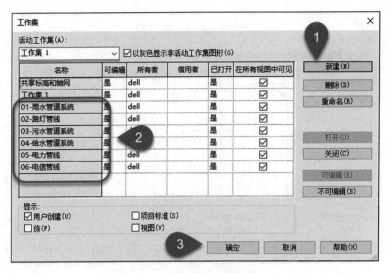

图 7-20　创建工作集（续）

单击"工作集"对话框中的"新建"按钮→在弹出的"新建工作集"对话框中输入工作集名称，单击"确定"按钮完成一个新工作集的创建，如图 7-20 所示。以此操作完成其余 5 个工作集→单击"确定"按钮完成，新建工作集的操作。

7.3.2　创建工作共享的中心文件

1. 创建中心文件

启用工作集后，"保存"工作集文件。Reivt 默认首次保存当前项目文件时自动创建共享中心文件。其将通过网络路径保存到局域网主机的一个共享文件夹中，并且会在该文件夹中自动生成一个新的文件和两个文件夹，如图 7-21 所示，不可将其删除。

名称	修改日期	类型
Revit_temp	2022/12/16 14:27	文件夹
实践项目_地下管线BIM模型中心文件_backup	2022/12/16 14:27	文件夹
实践项目_地下管线BIM模型中心文件.rvt	2022/12/16 14:27	Revit Pr

图 7-21　中心文件保存位置

在实践操作中，将通过"另存为"的保存方式来指定中心文件的存储位置，如图 7-22 所示。执行"文件"选项卡→"另存为"→"项目"命令→选择保存路径后，将文件名改为"实践项目_地下管线 BIM 模型中心文件"并单击"保存"按钮，完成中心文件的创建。保存完毕，"保存"按钮会变暗，"与中心文件同步"按钮会亮显，如图 7-23 所示。

2. 从中心文件创建本地文件

当项目负责人完成用以工作共享的中心文件的创建之后，项目团队的其他协作人员，就可以基于中心模型创建本地文件，用于各协作人员在本地计算机上进行作业，操作如图 7-24 所示。

打开 Revit 软件，执行"打开"命令→根据中心文件保存路径，选择中心文件→勾选"新建本地文件"复选框→单击"打开"按钮→通过另存为的方式将"本地文件"以"实践项目_地下给水管道系统(本地文件)"命名保存于本地(路径由读者自行选定)。这样，就完成了本地文件的创建。

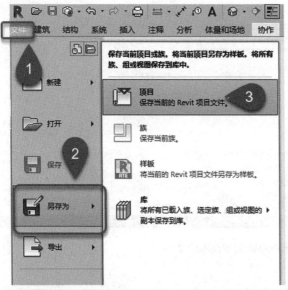

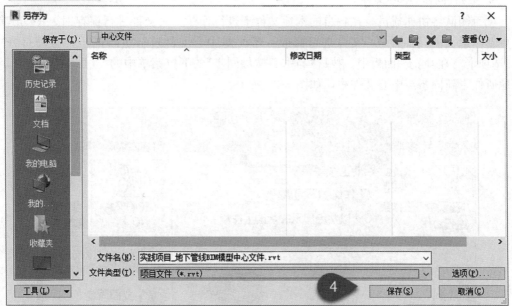

图 7-22　创建中心文件

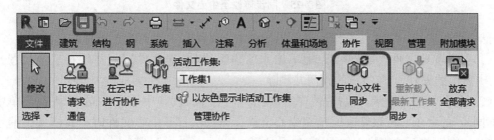

图 7-23　完成中心文件创建

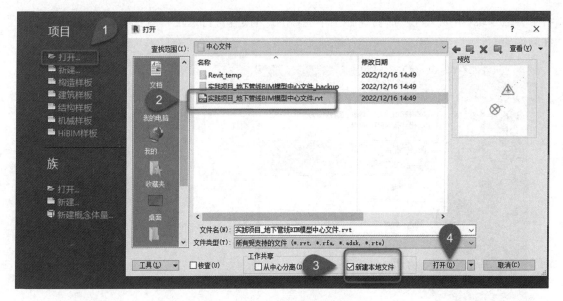

图 7-24　基于中心模型创建本地文件

3. 更新(同步)中心文件

项目团队各协作成员，在各自的本地文件上进行作业，对文件进行保存时，Revit 默认只更新本地文件，不对中心文件进行修改。若要对中心文件进行更新同步，必须打开"协作"选项卡→在"同步"面板中，执行"与中心文件同步"的下拉菜单中的"立即同步"命令，将本地所作更新同步至中心文件中，如图 7-25 所示。

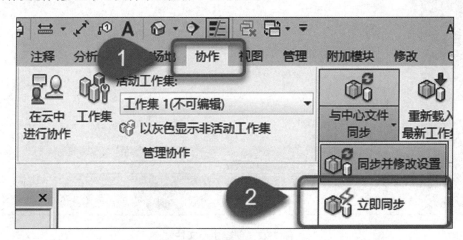

图 7-25　同步修改至中心文件

然后通过完成一个实践操作，进一步理解中心文件与本地文件之间的关系。

(1)打开本地文件"实践项目_地下给水管道系统(本地文件)"，并打开三维视图，将图 7-26 所示的编号为"5J237"的阀门井删除。

(2)如图 7-27(a)所示，执行"协作"选项卡"同步"面板"与中心文件同步"下拉菜单中的"立即同步"的命令，将该修改同步至中心文件。当再次打开中心文件时，其模型中编号为"5J237"的阀门井已被删除，如图 7-27(b)所示。

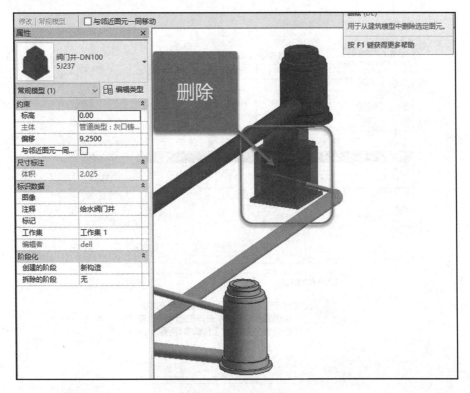

图 7-26　删除构件

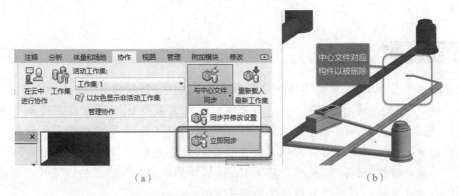

（a）　　　　　　　　　　　　　　　（b）

图 7-27　将修改同步至中心文件

至此，已完成本项目所有实践任务。

⚙ 提示

在"工作集"中将非本机用户权限由"是"修改为"否"，其他协作人员将不能对该工作集进行编辑，当修改为"是"并在"所有者"或"借用者"授权其他用户名称，该用户便可对此工作集进行编辑操作。如图7-28所示，工作集所有者将排水所有工作集均设置为不可编辑状态。若项目其他协作人员对本地文件进行修改并将修改同步至中心文件时，将提醒无法保存文件。

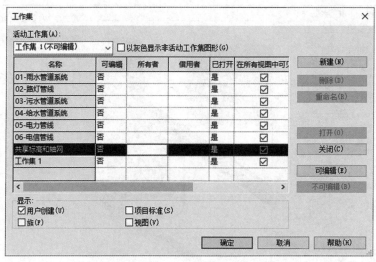

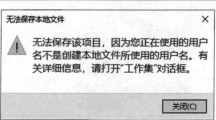

图 7-28　工作集设置为不可编辑状态

项目小结

本项目介绍了基于 BIM 模型的两种项目协作方式，即"链接模型"项目协作方式与"中心文件"项目协作方式。通过[任务一]（地下管线雨水管道系统 BIM 模型与其他地下管线系统模型链接）完成"链接 Revit"模型；在[任务二]中对链接模型进行图元可见性设置、复制图元、碰撞检查、链接绑定等常用的项目协作操作，最终完成了"链接模型"的延时协作方式实施操作方法；通过[任务三]阐述了基于 Revit 软件的中心文件方式协作方式，创建了用于团队协作的中心文件，并进行工作共享的相关设置。

思考与实训

一、选择题

1. BIM 协同方式有(　　)种。

　　A. 1　　　　　　　　B. 2　　　　　　　　C. 3　　　　　　　　D. 4

2. 下列属于 Revit 的基本特性的是(　　)。

　　A. 族　　　　　　　B. 参数化　　　　　　C. 协同　　　　　　D. 信息管理

3. BIM 主要的协同方式是(　　)。（多选）

　　A. 中心文件方式　　B. 文件链接方式　　C. 文件集成方式　　D. 数据集成方式

二、简答题

1."链接模型"及"中心文件"两种协作方式的优点缺点分别是什么？它们各自所适用的项目场景有何区别？请简述理由。

2. 中心文件与中心文件之间是否可以相互链接？请简述理由。

三、实训题

1. 以"01-实践项目-现状雨水管道系统"为主模型，链接"配套资料/07 模块 7"中编号"02"~"06"的各专业 BIM 模型文件，并将它们绑定至主模型中。将完成文件命名为"实践项目_地下管线全专业 BIM 模型"，以"＊.rvt"格式保存。

2. 实训题：创建具有多个工作集的中心模型，要求：工具集按管道系统进行区分；雨水井、污水井各自单独区分一个工作集；交付方式：以"＊.rvt"格式交付。

项目 8

项目模型综合应用

教学要求

知识要点	能力要求	权重
地下管线的综合布置原则	对地下管线的布置原则有清晰的认知，掌握其查询方法	20%
BIM 模型碰撞检查及管线优化操作	根据地下管线的综合布置原则，完成地下管线综合 BIM 模型的碰撞检查，并对模型碰撞的地方进行调整、优化	80%

任务描述

在有限的地下空间中，地下管线系统存在现状管线与新设计管线、新设计管线系统内部不同专业之间复杂的相对空间位置关系，因此，在新设计管线系统施工前，根据各专业地下管线敷设原则确定它们各自的安装位置尤其重要。应用 BIM 技术建立链接了各专业的地下管线综合模型，可有效解决二维图纸在空间信息、物理信息及多专业协调上设计失误的问题。本项目将以新设计地下管线为例，讲述相关专业地下管线的敷设原则，并基于 BIM 模型对新旧管线之间进行碰撞冲突检查、分析及问题解决等应用。

职业能力目标

(1)掌握地下管线敷设原则查询方法。

(2)掌握地下管线综合 BIM 模型(指链接了各专业的地下管线综合模型)的碰撞检查方法，能分析地下管线碰撞的原因。

(3)掌握根据各专业地下管线的敷设原则，能对地下管线 BIM 模型进行优化操作。

典型工作任务

根据地下管线的布置原则，对地下管线综合 BIM 模型进行碰撞检查与优化。

案例引入

同项目 3【案例引入】。

项目成果展示如图 8-1 所示。

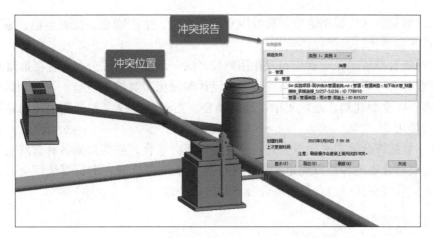

图 8-1 项目成果展示 BIM 模型自动碰撞检查

8.1 管线综合敷设原则

地下综合管线敷设于城市规划区内地下，是为城市居民生活和经济生产提供服务的永久性基础设施。场地设计可能涉及的工程管线包括了城市公用设施的各个方面。按照城市道路地下综合管线的性质和用途，可分为给水管道、排水管道、燃气管道、热力管道、电力管道、电信管线、工业管道七大类近 30 种。按照工程管线输送方式，可分为压力管线和重力自流管线。其中，给水管线、燃气管线、供热管线、绿化用水管线、中水管线为压力管线；排水管线为重力自流管线。

地下管线种类繁多，许多管线性质相同而主管部门不同，这就给管线的综合规划、管理带来许多不便，倘若按照主管单位不同分别布置管线，将占用大量地下空间，而且也不便于规划管理。因此，为了更好地对地下管线进行建设与管理，地下综合管线设计必须遵循已发布实施的管线综合敷设原则。有效利用 BIM 技术对各专业管线进行定平面、定纵横面、管线综合再次校准，将对保障地下管线施工有序、高质量进行发挥重要的作用。本节将通过实践任务对案例中所涉及的地下管线的敷设原则进行介绍。

8.1.1 城市工程管线综合布置原则

(1)城市各种管线的位置应采用统一的坐标及标高系统，局部地区内部的管线定位也可以采用自己的坐标系统，但区界、管线进出口处应与城市主干管线的坐标一致。如存在几个坐标系统，必须加以换算，取得统一。

(2)管线布置应满足安全使用要求，并综合考虑其与建筑物、道路、环境的相互关系和处理好彼此之间可能产生的影响。地下管线应从建筑物向道路方向由浅至深敷设，各种管线的敷设不应影响建筑物的安全，并且应防止管线受腐蚀、沉陷、振动、荷载等影响而损坏。

(3)管线走向宜与主体建筑、道路及相邻管线平行，并力求线形顺直、短捷和适当集中，尽量减少转弯，并应使管线之间及管线与道路之间尽量减少交叉。

（4）管线敷设方式应根据地形、管线内介质的性质、生产安全、交通运输、施工检修等因素，经技术经济比较后择优确定。

（5）管线综合布置时，干管应布置在用户较多的一侧或将管线分类布置在道路两侧。

（6）管线综合布置应与总平面布置、竖向设计和绿化布置统一进行。当规划区分期建设时，管线布置应全面规划，近期集中，远近结合。当近期管线穿越远期用地时，不得影响远期用地的使用。

（7）地下管线综合除需平面综合外，还应进行竖向综合，妥善协调各种管线交叉时的垂直净距，使其符合规范和地方规定要求，便于施工及维修管理。进行管线综合时，还需要对不同专业的管线交叉（汇）点进行综合分析和优化处理。

8.1.2　直埋敷设规定

（1）严寒或寒冷地区给水、排水等工程管线应根据土壤冰冻深度确定管线覆土深度；电信电缆、电力电缆等工程管线及严寒或寒冷地区以外的地下工程管线应根据土壤性质和地面承受载荷的大小确定管线的覆土深度。工程管线的最小覆土深度应符合表 8-1 的规定。

表 8-1　工程管线的最小覆土深度　　　　　　　　　　　　　　　　m

管线名称		给水管线	排水管线	再生水管线	电力管线		通信管线		直埋热力管线	燃气管线	管沟
					直埋	保护管	直埋及塑料、混凝土保护管	钢保护管			
最小覆土深度	非机动车道（含人行道）	0.60	0.60	0.60	0.70	0.50	0.60	0.50	0.70	0.60	—
	机动车道	0.70	0.70	0.70	1.00	0.50	0.90	0.60	1.00	0.90	0.50

（2）工程管线在道路下面的规划位置，应布置在人行道或非机动车道下面。电信电缆、给水输水、污雨水排水等工程管线可布置在非机动车道或机动车道下面。

（3）工程管线在道路下面的规划位置宜相对固定。从道路红线向道路中心线方向平行布置的次序，应根据工程管线的性质、埋设深度等确定。本项目布置次序宜为电力电缆→电信电缆→给水输水→雨水排水→污水排水。

（4）工程管线在庭院内建筑线向外方向平行布置的次序，应根据工程管线的性质和埋设深度确定，其布置次序宜为电力管线→电信管线→污水排水管线→给水管线。

（5）各种工程管线不应在垂直方向上重叠直埋敷设。

（6）工程管线之间的最小水平净距应符合表 8-2 的规定。当受道路宽度、断面及现状工程管线位置等因素限制难以满足要求时，可根据实际情况采取安全措施后减少其最小水平净距。

（7）当工程管线交叉敷设时，自地表面向下的排列顺序宜为电力管线→给水管线→雨水排水管线→污水排水管线。

（8）工程管线在交叉点的高程应根据排水管线的高程确定，并应符合《城市工程管线综合规划规范》（GB 50289—2016）中关于工程管线垂直交叉时的最小垂直净距，见表 8-3。

表 8-2　工程管线质检的最小水平间距

序号	管线名称		1 给水管		2 污水雨水排水管	3 电力电缆		4 电信电缆	
			D≤200 mm	D>200 mm		直埋	管沟	直埋	管沟
1	给水管	D≤200 mm			1.0	0.5		1.0	
		D>200 mm			1.5				
2	污水雨水排水管		1.0	1.5		0.5		1.0	
3	电力电缆	直埋	0.5		0.5	0.25	2.1	<35 kV 0.5	
		管沟				0.1	0.1	≥35 kV 2.0	
4	电信电缆	直埋	1.0		1.0	<35 kV 0.5		0.5	
		管沟				≥35 kV 2.0			

表 8-3　工程管线交叉时的最小垂直净距

序号	管线名称		1 给水管线	2 污水、雨水管线	3 通信管线		4 电力管线	
					直埋	保护管及通道	直埋	保护管
1	给水管线		0.15					
2	污水、雨水管线		0.40	0.15				
3	通信管线	直埋	0.50	0.50	0.25	0.25		
		保护管及通道	0.15	0.15	0.25	0.25		
4	电力管线	直埋	0.50	0.50	0.50	0.50	0.50	0.25
		保护管	0.25	0.25	0.25	0.25	0.25	0.25

8.1.3　综合管沟敷设规定

综合管沟又称综合管廊、共同沟等，是指设置于城市地下，用于容纳两种以上公用设施管线的构造物及其附属设备。即在城市地下建造一个隧道空间，将给水、燃气、电力、通信等各种管线集于一体，设有专门的检修口、吊装口和监测系统，实施统一规划、设计、建设和管理，可彻底改变以往各个管道各自建设、各自管理的零乱局面。建设地下综合管沟采取科学的方法对地下管线进统筹管理，是城市地下管线更好地发挥其市政基础设施作用的一个重要保证。

（1）当遇下列情况之一时，工程管线宜采用综合管沟集中敷设。

1）交通运输繁忙或工程管线设施较多的机动车道、城市主干道及配合兴建地下铁道、立体交叉等工程地段。

2）不宜开挖路面的路段。

3）广场或主要道路的交叉处。

4）需同时敷设两种以上工程管线及多回路电缆的道路。

5）道路与铁路或河流的交叉处。

6）道路宽度难以满足直埋敷设多种管线的路段。

（2）综合管沟内直敷设电信电缆管线、给水管线、污雨水排水管线。

8.2　BIM 模型碰撞检查与优化

利用 BIM 模型三维可视化特点，可以通过人眼观察地下管线综合 BIM 模型发现不同专业管线之间的碰撞问题，在设计阶段将碰撞问题解决，人眼观察的方法适合地下管线系统相对简单、管线数量较少或解决系统局部碰撞问题的应用场景。当地下管线系统过于复杂、数据庞大时，仅通过人眼观察难以全面发现问题，导致疏漏，而 Revit 软件提供了自动碰撞检查功能则弥补了这一不足。在本节中，将通过两个任务的实践，着重讲解 Revit 自动碰撞检查及解决碰撞问题的操作。

8.2.1　地下管线综合 BIM 模型碰撞检查

1. Revit 自动碰撞检查操作流程

Revit 自动碰撞检查操作流程：打开主模型文件并链接其他专业模型文件→通过"协作"选项卡启用"碰撞检查"命令→选择碰撞检查的目标对象→执行碰撞检查→查看并"导出"碰撞检查报告。

2. 打开碰撞检查项目文件

［任务一］地下管线综合 BIM 模型碰撞检查

打开"配套资料/08 模块八/01-实践项目-现状雨水管道系统"模型文件→打开"三维"视图→在"三维"视图中，将"配套资料/08 模块八/04-实践项目-现状给水管道系统"模型文件通过"Revit 链接"方式链接进主模型文件中，如图 8-2 所示。

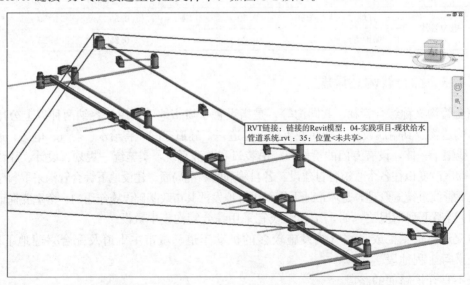

图 8-2　主模型及链接模型

 提示

BIM 模型的链接的详细操作步骤在 7.2 已进行介绍，可自行回顾，本节不再赘述。

3. 执行"碰撞检查"命令

打开"协作"选项卡→单击"坐标"面板中的"碰撞检查"按钮（将打开一个下拉列表菜单）→在"碰撞检查"下拉列表中选择"运行碰撞检查"命令，启动软件自动碰撞检查功能，如图 8-3 所示。

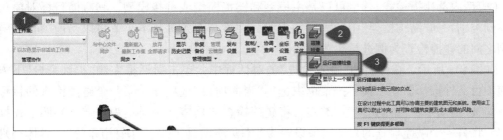

图 8-3　运行碰撞检查功能

启动碰撞检查功能之后，Revit 绘图区域将弹出"碰撞检查"对话框，用于选择进行检查的目标对象，如图 8-4 所示。

图 8-4　碰撞检查对象选择框

💡 **提示**

执行"碰撞检查"工具的下拉菜单中的"显示上一个报告"命令，可以将上一次执行的碰撞检查的报告显示出来，但前提当前文件中已经执行过碰撞检查命令并存在图元冲突。

4. 执行"碰撞检查"命令

如图 8-4 所示，当执行"碰撞检查"命令后，必须进行碰撞检查目标对象的选择确定，这也是执行"碰撞检查"命令的前提操作。

碰撞检查目标对象的选择应根据具体需求进行确定，可以是"当前项目"与"当前项目"（即主模型内部碰撞检查），也可以是主模型和链接模型或链接模型。其碰撞目标对象可以具体到类别，如"结构框架"中的大梁与大梁、大梁与檩条等。本小节将以当前项目与链接模型之间的碰撞检查为例进行实践操作。

如图 8-5 所示，在弹出的"碰撞检查"的对话框中，单击对话框左侧"类别来自"下方的碰撞项目文件选择器，在其下拉菜单中选择"当前项目"选项作为第一个碰撞检查的目标对象→勾选"当前项目"中的"管道"类别，将碰撞检查的具体类别设定为管道→参照上述操作步骤，将另一个碰撞检查的目标对象设置为"04-实践项目-现状给水管道系统"，具体类别设定为"管道"→单击"确定"按钮，执行碰撞检查。在运行碰撞检查完毕后，Revit 自动弹出"冲突报告"对话框，在其中显示图 8-6 所示的冲突构件名称及 ID 信息。

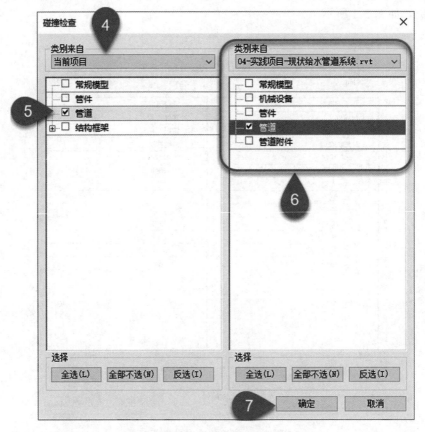

图 8-5　选择目标对象并执行碰撞检查

5. 查看"冲突报告"，并导出报告

（1）通过"冲突报告"定位碰撞位置。如图 8-6 所示，在冲突报告中，会将两个碰撞检查目标对象之间所有的碰撞显示出来，并显示具体的碰撞类别的详细信息，包括该构件的 ID 号码。

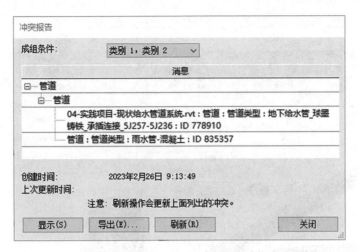

图 8-6 "冲突报告"对话框

如图 8-7 所示，单击选择被检查到碰撞的管道→单击"显示"按钮，此时 Revit 的绘图区域将自动跳转至 BIM 模型碰撞问题，并高亮显示当前所选择的碰撞构件(或图元)，便于作业者查看并解决当前的碰撞问题。

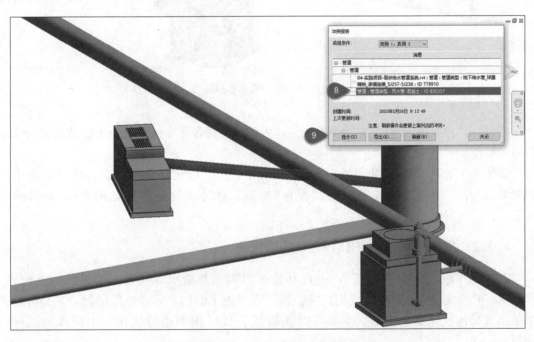

图 8-7　Revit 自动定位并显示碰撞位置

📖 知识拓展

①在 Revit 中创建 BIM 模型时，软件会自动为创建的图元编号，即图元的 ID 号码。每个图元的 ID 号码都是独一无二的，犹如我国公民的身份证号码。

②可以单击"管理"选项卡"查询"面板中的"按 ID 号选择"按钮，在弹出的"按 ID 号选择图元"对话框中输入构件的 ID 号码，单击"显示"按钮来精确定位构件，如图 8-8 所示。

图 8-8　按 ID 号精确选择构件

（2）导出"冲突报告"查看完冲突报告后，可将冲突报告导出保存，用于团队之间的信息传递和协作。

如图 8-9 所示，单击"冲突报告"对话框下方"导出"按钮→在保存文件的对话框中将其命名为"任务一冲突报告"→单击"保存"按钮，将冲突报告以默认的"＊.html"格式保存。

8.2.2　地下管线综合 BIM 模型碰撞优化

在 8.2.1 中，通过完成［任务一］自动检查出雨水与给水专业管道的设计冲突位置，依据 Revit "冲突报告"及 BIM 模型，能快速、直观地了解到实际冲突的情况，并分析其产生原因及做出优化解决方案。本节将对如何基于 BIM 模型进行优化解决碰撞问题进行介绍。

1. 工作流程

解决 BIM 碰撞问题并进行优化的工作流程：查看碰撞情况→进行碰撞原因分析→制订综合优化方案→根据综合优化方案调整 BIM 模型→输出综合优化成果。

2. 碰撞原因分析及解决办法

进行碰撞产生原因分析的目的是正确解决问题。每个碰撞问题其产生的因素各不相同，本节以实践项目为例，总结出几个典型因素。

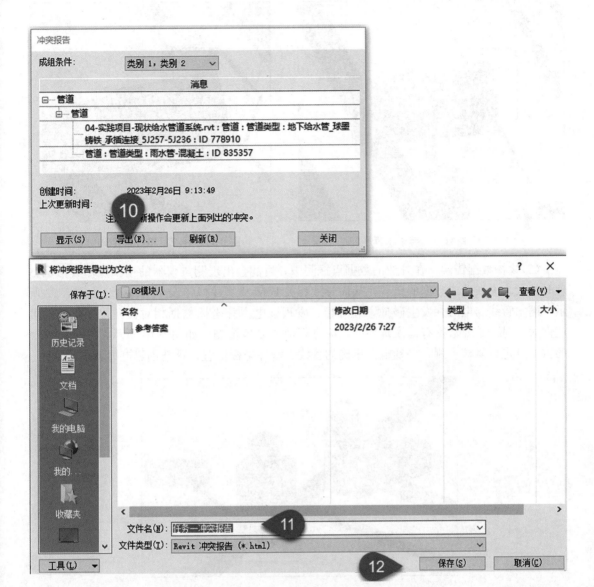

图 8-9　导出冲突报告

（1）物探数据不充足导致建模错误。阅读"01-地下管线案例物探数据表"可知，在已有管线的物探数据表，一般只会有管线对应的起点与终点的坐标点数据，而管线在安装时其翻弯或绕开位置的管线坐标常因探测难度大而被忽略，从而导致因已有管线建模错误产生碰撞。如图 8-10 所示，在地下管线综合 BIM 模型中，发现路灯管线（红色）与雨水算产生碰撞，但分析可知，项目上实际并不存在该碰撞，这就是典型的物探数据不足产生的建模错误原因。

对于上述问题，解决办法就是进行物探数据补测。结合冲突报告进行分析，对碰撞位置的路灯管线进行数据补测，得到真正的管线位置，补测位置为①～④拐点坐标、高程数据，重新创建路灯管线，如图 8-11 所示。

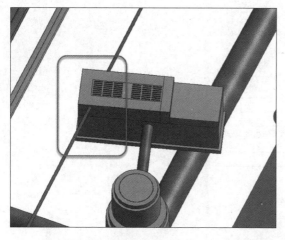

图 8-10　路灯管线与雨水箅冲突

图 8-11　补充后路灯管线 BIM 模型

　　(2)物探数据错误。在外业的数据点探测中，可能会出现测量仪器的错误操作或数据整理时的人为失误造成数据的错误，从而导致相关 BIM 模型建模错误产生碰撞。如图 8-12 所示，雨水管线与电力井发生碰撞，经分析，发现该电力井坐标数据相对突兀，探测错误可能性大。对于重要数据有错误嫌疑的，应进行数据复核重测。如图 8-13 所示，对碰撞位置的数据点进行复核重测，得到电力正确的管线、管井坐标位置，重新创建电力管线、管井。

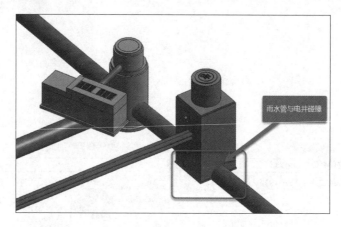

图 8-12　物探数据错误冲突

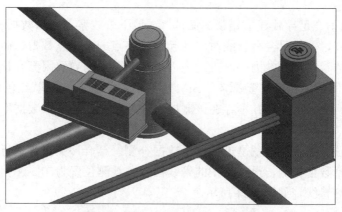

图 8-13　碰撞位置数据复核重测修正

（3）模型创建错误。现阶段的工程项目，BIM模型的创建基本由人工完成，BIM建模人员的专业水平不足或作业疏忽导致BIM模型建模错误，也是典型碰撞原因之一，如看错管线坐标点数据或用错管井尺寸数据等。如图8-14所示，就是管井尺寸建模错误导致的碰撞问题。对于模型创建错误问题，其解决方法：一方面应通过积累实践经验提升BIM建模人员的专业素养；另一方面应建立团队BIM模型数据复核、审核机制，确保创建BIM模型正确无误。当复核数据出现问题时，应及时修正BIM模型，避免影响团队其他协同者的专业作业（图8-15）。

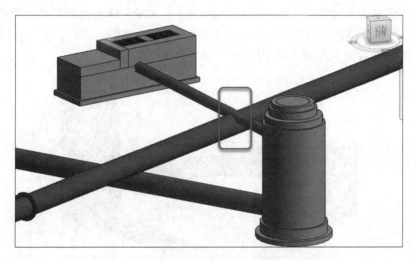

图8-14　管井尺寸建模错误导致碰撞冲突

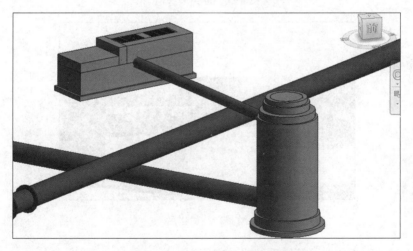

图8-15　复核修正后解决碰撞问题

📖 **知识拓展**

依据管线综合避让原则优化管线布置：在一些地理环境恶劣或补测、重测条件不允许的情况下，可根据管线综合敷设原则对碰撞位置的管线进行避让调整，得到接近实际的地下管线模型，在地下管线改迁或废除阶段也具有重要的指导意义。

3. 优化调整 BIM 模型

当分析清楚碰撞产生原因之后，就可以制订解决方案并依据方案对 BIM 模型进行优化。在本节中，将继续利用［任务一］碰撞检查成果，完成［任务二］对［任务一］的地下管线综合 BIM 模型碰撞优化。

［任务二］地下管线综合 BIM 模型碰撞优化

（1）根据对 BIM 模型冲突位置分析，碰撞原因可能是雨水管连接雨水井一端高程探测数据错误。在不补测的情况下，依据雨水管道敷设原则及管线之间的避让原则进行优化调整：根据工程管线交叉时的最小垂直净距原则，雨水、污水排水管线与给水管线的最小净距为 0.4 m，调整该链接模型中该段雨水支管高程与给水干管的净距为 0.4 m，并调整雨水算的井深，调整前后的 BIM 模型如图 8-16、图 8-17 所示。

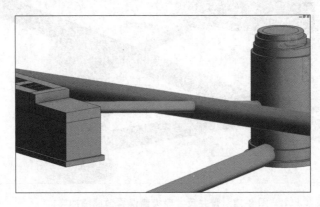

图 8-16　冲突解决前

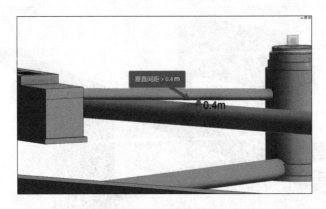

图 8-17　优化后

（2）对于较为复杂的地下管线系统或冲突问题较多时，在对 BIM 模型进行综合优化之后，还应再次运行 Revit 自动碰撞检查命令，确保之前发现的碰撞问题均已得到妥善解决，以及在调整优化过程中没有产生新的碰撞问题。当碰撞的目标对象中不存在碰撞时，碰撞检查结果将显示"未检测到冲突！"，如图 8-18 所示。

图 8-18　未检测到冲突

项目小结

城市地下管线种类繁多，许多管线性质相同而主管部门却不同，因此，利用BIM技术建立链接各专业的地下管线综合模型显得尤为重要。在本项目中，首先介绍了地下管线的综合布置原则，通过[任务一]（地下管线综合BIM模型碰撞检查——雨水管道系统与给水管道系统的碰撞检查）学习了Revit自动碰撞检查功能的使用，依据BIM模型及冲突报告进行冲突原因分析，通过[任务二]（地下管线综合BIM模型碰撞优化）完成了管线解决方案的优化。

思考与实训

一、选择题

1. 地下排水管线的在车行道下最小的覆土深度是（　　）m。
   A. 0.4　　　　　B. 0.5　　　　　C. 0.6　　　　　D. 0.7

2. 大于35 kV直埋电力电缆与电信线（无防雷装置）最小垂直净距是（　　）m。
   A. 4.0　　　　　B. 3　　　　　C. 5　　　　　D. 2

3. 地下管线模型碰撞的原因有（　　）。（多选）
   A. 物探数据不足　　B. 物探数据错误　　C. 建模尺寸错误　　D. 设计图纸错误

二、思考题

依据地下管线综合布置原则调整地下管线模型碰撞的意义是什么？在哪种情况下使用？

三、实训题

结合项目5所建模型，检查地下给水管线模型与地下雨水管线模型是否有碰撞，分析可能存在的原因，并尝试运用地下管线综合敷设原则解决碰撞位置。

要求：排水管不得存在逆流现象；各专业地下管线的最小垂直距离及水平距离均满足管线综合原则；以"＊.rvt"格式保存。

项目 9

BIM 成果的交付

◈ 任务描述

    BIM 应用成果的交付，一方面作为数字资产在建设项目的全生命周期的各个阶段被传递使用、完善和储存；另一方面则体现出 BIM 技术在建设项目上的应用成效。本项目课程将基于地下管线 BIM 实践项目，对行业现行 BIM 成果交付相关标准进行介绍，并对基于BIM 模型的管道工程量清单、BIM 白图、效果展示等 BIM 成果的制作及输出方法进行讲解。

◈ 职业能力目标

    (1)掌握并能运用地下管线 BIM 模型成果交付标准。
    (2)掌握统计地下管线工程量及工程量清单输出的操作方法。
    (3)掌握基于 BIM 模型的 BIM 白图制作及输出的操作方法。
    (4)掌握项目效果展示内容的制作及输出的操作方法。

◈ 典型工作任务

    (1)理解、掌握地下管线 BIM 成果交付标准，并掌握查阅 BIM 相关交付标准的方法。
    (2)进行基于地下管线 BIM 模型的管道工程量清单制作与输出。
    (3)进行基于地下管线 BIM 模型的 BIM 白图制作与输出。
    (4)进行基于地下管线 BIM 模型的效果图渲染及漫游视频制作与输出。

◈ 教学要求

知识要点	能力要求	权重
BIM 成果交付标准	掌握并能运用地下管线 BIM 模型成果交付标准	20%
明细表功能与工程量统计	掌握运用明细表工具统计地下管线工程量及工程量清单输出的操作方法	30%
BIM 白图的创建与输出	掌握基于 BIM 模型的 BIM 白图制作及输出的操作方法	40%
BIM 展示内容制作与输出	掌握项目效果展示内容的制作及输出的操作方法	10%

同项目 3【案例引入】。

BIM 成果如图 9-1 所示。

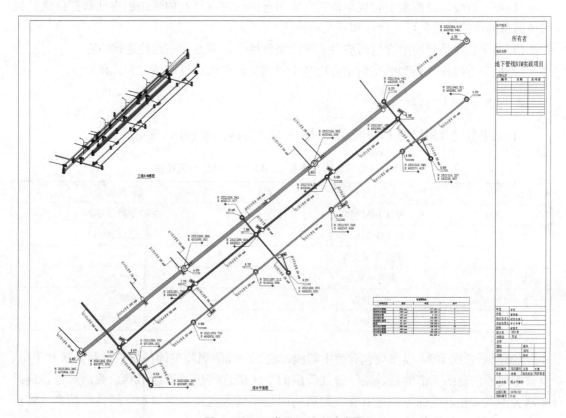

图 9-1　BIM 成果——BIM 白图

9.1　成果交付标准

BIM 技术是建筑业数字化、信息化的重要工具，地下管线 BIM 技术不仅是建立一个三维的综合管线模型，同时还是一个巨大的信息数据库。若 BIM 技术成果交付标准不明确，则不可避免地造成交付沟通烦琐或交付成果不实用等问题。2012 年，住房和城乡建设部正式启动 BIM 国家标准的编制工作，随后各地区积极响应，结合各地的 BIM 项目实施情况，对 BIM 成果的交付进行总结和分析，提出成果交付改进方案，改进方案以项目各阶段的需求为成果交付依据，最终达到 BIM 技术成果适用项目实施的目的，解决现行 BIM 成果交付标准难以量化等的问题。BIM 交付标准一般包含两个方面的内容，即 BIM 交付内容的广度与深度，BIM 建模交付的设施设备清单及其属性信息；确定需交付的详细内容和形式。《地下管线 BIM 模型技术规程》(T/CAS 657—2022)是地下管线行业针对 BIM 作业的技术标准。本项目课程主要引用该规程相关标准进行介绍。

9.1.1 一般规定

根据《地下管线 BIM 模型技术规程》(T/CAS 657—2022)要求，地下管线信息模型交付成果应遵循下列规定：

(1)地下管线信息模型交付成果格式宜采用合同约定或行业内通用的中间数据格式，应保证信息的可传递性、可交换性和可互用性。

(2)地下管线信息模型交付时应对成果的完整性、正确性和一致性进行检查。

(3)地下管线信息模型的交付审查应基于模型交付要求进行审核、确认和验收。

9.1.2 交付内容

(1)地下管线及附属物 BIM 模型交付物及格式宜满足表 9-1 的规定。

表 9-1　地下管线及附属物 BIM 模型交付物及格式

序号	交付物	交付格式
1	地下管线 BIM 模型文件	约定或通用格式
2	模型工程视图/表格	约定或通用格式
3	模型说明文件	PDF
4	成果平面图	DWG
5	成果报告	PDF
6	其他成果文件	约定或通用格式

(2)地下管线 BIM 模型应包含地下管线、地下管线附属物空间位置信息和反映其类型、材质等属性信息的全部信息。地下管线管段的空间信息宜包括管线形状、截面尺寸、连接逻辑关系及起止点坐标等；地下管线附属物的空间信息宜包括附属物空间特征信息、特征点坐标。其中，地下管线信息类别详见表 9-2 和表 9-3。

表 9-2　地下管线管段属性信息

序号	字段名称	字段类型	完整性约束	说明
1	数据来源	字符型	非空	
2	管线类别	字符型	非空	
3	关联模型	字符型	非空	
4	工程名称	字符型	非空	记录管线所属工程名称
5	压力	字符型	选填	适用于燃气、工业
6	电压	字符型	选填	适用于电力
7	总孔数	整型	非空	
8	已用孔数	整型	非空	
9	线缆条数	整型	非空	
10	管线材质	字符型	非空	
11	保护材质	字符型	选填	
12	管壁厚度	数值型	非空	

序号	字段名称	字段类型	完整性约束	说明
13	沟壁厚度	数值型	非空	
14	管壁材料	字符型	选填	
15	沟壁材质	字符型	选填	
16	管节长度	字符型	非空	
17	接口形式	字符型	非空	
18	坡度	数值型	非空	
19	管线状态	字符型	非空	
20	设计日期	日期型	非空	
21	设计单位	字符型	非空	
22	设计使用年限	整型	非空	
23	设计安全等级	整型	非空	
24	管线生产日期	日期型	非空	
25	生产厂家	字符型	非空	
26	建设日期	日期型	非空	管线竣工年月，格式：＃＃＃＃-＃＃＃＃
27	建设单位	字符型	非空	
28	施工方式	字符型	非空	
29	投用日期	日期型	非空	
30	管线状态	字符型	非空	
31	权属单位	字符型	非空	记录管线的权属单位(管理单位)
32	维护单位	字符型	非空	
33	维护日期	日期型	非空	
34	探测单位	字符型	选填	
35	探测日期	字符型	选填	

表 9-3　数据来源分类

类别描述	说明
见管实测	井室内可见管线或管块；过桥管出地处
使用跟踪测量成果	未覆土前管线埋设时测量成果
使用探测成果	地下管线探测成果
抄录三维竣工图成果	管线权属单位等部门提供的三维竣工资料
抄录二维竣工图成果	管线权属单位等部门提供的二维竣工资料
根据设计图纸	从管线设计图纸中提取
示意点、连接	无法获得点确切的空间位置，为示意连接做的示意点、连接
虚拟点、线	不同类别的通信线进入同一管线，确定一个主要类别为管线点、井室轮廓点、井盖点或实际连接，其他类别的点都作为虚拟点、连接
其他	其他来源需在备注中加以说明

(3)管线信息模型可索引其他类别的交付物。交付时，应一同交付，并应确保索引路径有效。

(4)管线信息模型及交付物提供方应保障所有文件链接、信息链接的有效性。

(5)模型说明文件宜包括下列内容：

1)模型概况；

2)模型中地下管线类型及其附属物类型信息；

3)模型图例、模型精细等级、建模完成时间及建模人员等相关信息；

4)模型运行环境、软件版本号、文件命名规则、模型拆分说明等内容。

9.1.3 交付要求

(1)交付模型与数据文件的命名须符合项目3中的方式命名。

(2)地下管线 BIM 模型应按要求分级交付，交付的模型空间表达精细度与信息深度应符合要求。

(3)采用三维视图表达地下管线综合属性时，颜色设置应符合要求。

(4)地下管线 BIM 模型交付的元素信息宜包括下列内容：

1)空间信息：管线形状、截面尺寸、连接关系、管点坐标及连接逻辑关系等；

2)属性信息：管线类别、数据来源、基本特征、技术参数、材质及建设年月等信息。

图 9-2 所示为交付模型示意。

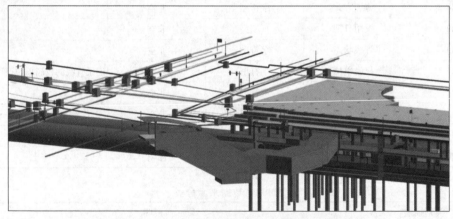

图 9-2　交付模型示意(地下管线及地铁车站)

9.2　成果制作输出

BIM 应用成果的交付，一方面作为数字资产在建设项目的全生命周期的各个阶段被传递使用、完善和储存；另一方面则体现出 BIM 技术在建设项目上的应用成效。BIM 应用成果的制作与输出应依据项目制定的 BIM 交付标准执行。本节将通过完成三个实践任务，介绍基于 BIM 模型的工程量统计、BIM 白图创建、效果展示三类典型的 BIM 应用成果的制作及输出方法。

9.2.1　明细表功能及工程量统计

BIM 模型作为建设工程项目建造过程中的数据及信息载体，其承载的数据信息可以根据项目需要进行提取统计并应用，最典型的应用就是通过"明细表"工具进行工程量统计和分析，本节将通过完成任务一的实践，介绍该项应用及其成果输出。

[任务一]统计实践项目排水系统管道工程量

任务要求：使用"明细表"工具，统计雨水管道和污水管道工程量清单，该清单应体现管道系统名称、管段材质，以及对应管段的直径尺寸和管道长度，最终对各项数据进行合计。

1. 工作流程

导出明细表的工作流程：启用明细表功能→设置明细表统计的目标对象→设置明细表属性→调整明细表外观→导出明细表《管道工程量清单》。

2. 启用明细表工具

打开"配套资料/09 模块九/实践项目_地下管线 BIM 模型（成果交付）"项目文件，进入绘图区域。

如图 9-3 所示，打开"视图"选项卡→在"创建"面板中单击"明细表"按钮（打开下拉菜单）→在下拉菜单中选择"明细表/数量"选项，启用明细表。

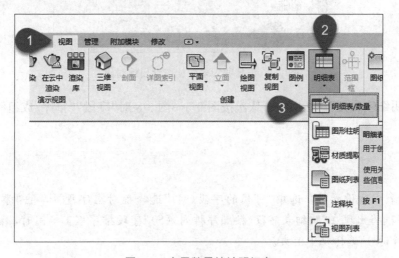

图 9-3　启用数量统计明细表

Revit 提供了六种不同的明细表工具用于统计不同的模型信息，在运用软件时，可通过按 F1 键打开软件自带的帮助功能，并在其中搜索"明细表"自行查看各类明细表工具的不同功能及应用场景。

3. 设置明细表数据统计目标对象及明细表属性

（1）启动"明细表/数量"工具之后，Revit 绘图区域将弹出"新建明细表"对话框（图 9-4），用于设置数据统计的对象类别，将"类别"设置为"管道"→将明细表"名称"设置为"管道工程量清单"→选择创建"建筑构件明细表"并设置"阶段"为"新构造"→单击"确认"按钮，进入"明细表属性"设置（软件自动弹出该对话框）。

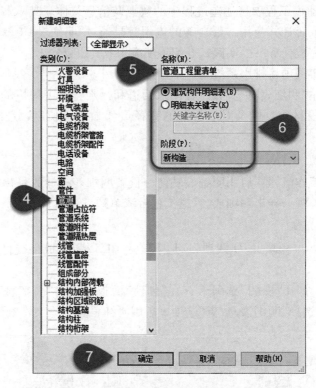

图 9-4　设置明细表数据统计目标对象

（2）在"明细表属性"对话框中，依次按图 9-5～图 9-8 对"字段""排序/成组""格式"进行设置。

在明细表字段设置时，选中"可用的字段（V）"选择框对应字段并单击"添加参数"按钮 ，该字段将出现在"明细表字段（按顺序排列）（S）"字段排序框里。同时，该字段将在"可用的字段（V）"选择框中消失。

如图 9-5 所示，打开"字段"选项卡，在"可用的字段（V）"选择框中找到"系统类型"字段→单击"添加参数"按钮 ⇲，将其添加进明细表中→在"明细表字段（按顺序排列）（S）"字段排序框里为其排序→重复上述操作步骤，为明细表添加"类型""尺寸""长度""合计"等字段，并按图 9-4 所示的顺序排列→完成后进入"排序/成组"选项卡设置。

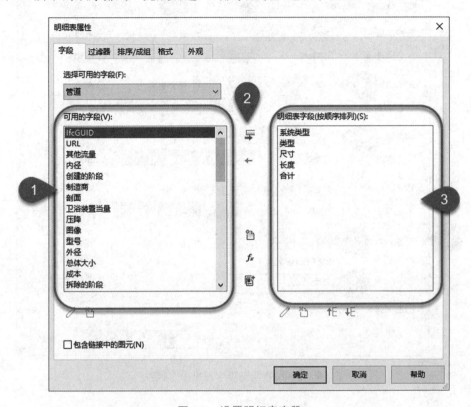

图 9-5　设置明细表字段

"字段"设置完成后，按图 9-6 完成"排序/成组"选项卡设置：单击打开"排序/成组"选项卡→将"排序方式"设置为"系统类型""升序"→完成编号④、⑤的设置→勾选"总计"复选框，并将总计设置为"标题、合计和总数"→将"自定义总计标题"设置为"总计"→完成后进入"格式"选项卡设置。

设置明细表字段"格式"，如图 9-7 所示，在"格式"选项卡中，单击选择"字段"选择框中的"长度"字段→设置"标题（H）"为"管段长度"，"对齐"设置为"右"→勾选"在图纸上显示条件格式（S）"复选框并设置"计算总数"（计算长度总数）→单击"字段格式"按钮，弹出"格式"对话框，按编号⑥设置：取消勾选"使用项目设置"复选框、单位设置为"米"、舍入设置为"1 个小数位"、单位符号设置为"m"，最后单击"确定"按钮，完成单位格式设定，接着进行其他字段的格式设置。

如图 9-8 所示，分别将"系统类型""类型""尺寸"字段的"标题（H）"设置为"管道系统名称""管段材质""管段直径"→将"合计"字段设置为"计算总数"→单击"确定"按钮，完成"明细表属性"的设置。

当完成明细表属性设置后，Revit 将基于 BIM 模型数据，自动生成"管道工程量清单"明细表，绘图区域也将自动跳转至明细表视图，如图 9-9 所示。

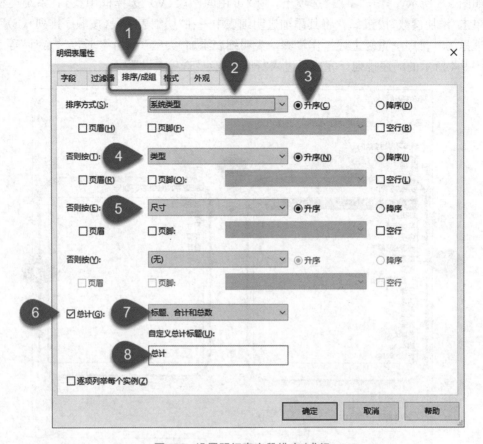

图 9-6 设置明细表字段排序/成组

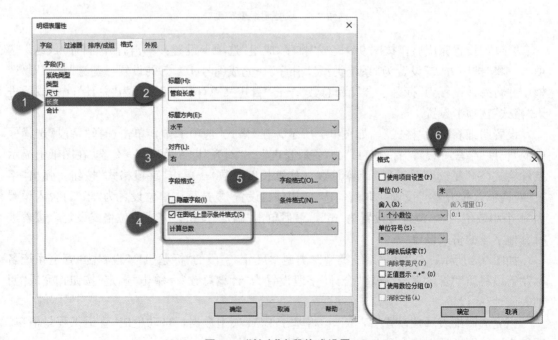

图 9-7 "长度"字段格式设置

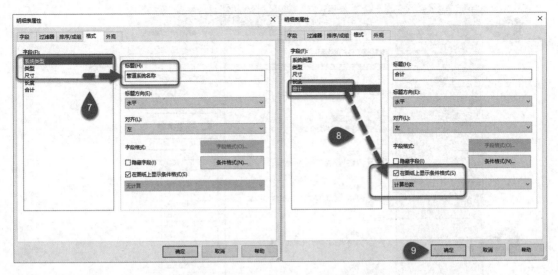

图 9-8　其他字段格式设置

〈管道工程量清单〉				
A	B	C	D	E
系统类型	类型	尺寸	长度	合计
现状污水管道	铸铁	500 mmø	137.4 m	5
现状污水管道	铸铁	600 mmø	163.3 m	3
现状给水管	灰口铸铁	100 mmø	3.7 m	3
现状给水管	灰口铸铁	400 mmø	79.9 m	1
现状给水管	铸铁	100 mmø	3.0 m	3
现状给水管	铸铁	400 mmø	50.8 m	1
现状路灯管线	XJ塑胶	50 mmø	113.4 m	4
电信	电信电缆	50 mmø	134.3 m	4
设计雨水管道	雨水管-PVC	200 mmø	55.0 m	7
设计雨水管道	雨水管-混凝土	200 mmø	51.5 m	11
设计雨水管道	雨水管-混凝土	400 mmø	46.2 m	4
设计雨水管道	雨水管-混凝土	600 mmø	153.2 m	6
总计：52			991.7 m	52

图 9-9　管道工程量清单

4. 导出明细表——《管道工程量清单》

如图 9-10 所示，执行"文件"→"导出"→"报告"→"明细表"命令，在弹出的"导出明细表"对话框中，修改明细表保存名称及保存路径，单击"保存"按钮保存文件。

导出的明细表只能以"＊.txt"文本格式保存。如果需要转换为 Excel 格式，可用 Excel软件将其打开，然后另存为".xls"格式即可，如图 9-11 所示。

5. 明细表属性设置详解

关于 Revit 明细表属性中"字段""过滤器""排序/成组""格式""外观"的相关说明，见表 9-4～表 9-7。

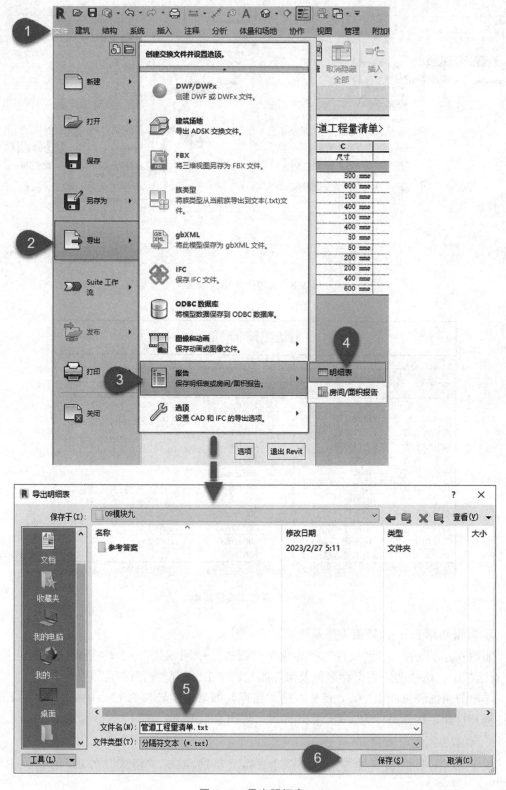

图 9-10　导出明细表

图 9-11 管道明细表

(1)"字段"的相关设置(表 9-4)。

表 9-4 "字段"的相关设置

可达成目的	操作步骤
将字段添加到明细表字段列表中	单击"可用字段(V)"选择框中的"字段名称",然后单击"添加参数"按钮🢂。字段在"明细表字段"框中的顺序,就是它们在明细表中的显示顺序
从"明细表字段"列表中删除字段	从"明细表字段"列表中选择该名称并单击"移除参数"按钮🢀。 注:移除合并参数时,合并参数会被删除。必须重新定义以便再次使用
将列表中的字段上移或下移	选择"字段"选项,然后单击"上移"按钮⬆️或"下移"按钮⬇️
合并单个字段中的参数	单击"合并参数"按钮▣。在弹出的"合并参数"对话框中选择要合并的参数及可选择的前缀、后缀和分隔符
修改合并参数	选择"字段"选项,然后单击"编辑参数"按钮✏️。在"合并参数"对话框中进行更改,然后单击"确定"按钮
删除合并参数	从"明细表字段"列表中选择要删除的合并参数,然后单击"删除参数"按钮🗑️
添加自定义字段	单击"新建参数"按钮🗋,然后选择是添加项目参数还是共享参数
修改自定义的字段	选择"字段"选项,然后单击"编辑参数"按钮✏️。在"参数属性"对话框中,输入该字段的新名称。单击"删除参数"按钮🗑️以删除自定义的字段
创建一个从公式计算其值的字段	单击"计算参数"按钮fx。输入该字段的名称,设置其类型,然后对其输入使用明细表中现有字段的公式。例如,如果要根据房间面积计算占用负荷,可以添加一个根据"面积"字段计算而来的称为"占用负荷"的自定义字段。公式支持和族编辑器中一样的数学功能

可达成目的	操作步骤
创建一个字段并使其为另一字段的百分比	单击"计算参数"按钮 fx。输入该字段的名称，将其类型设置为"百分比"，然后输入要取其百分比的字段的名称。默认情况下，百分比是根据整个明细表的总数计算出来的。如果在"排序/成组"选项卡中设置成组字段，则可以选择此处的一个字段。例如，如果按楼层对房间明细表进行成组，则可以显示该房间占楼层总面积的百分比
将房间参数添加到元房间明细表中	单击"房间"作为"从下面选择可用字段"。该操作会将"可用字段"框中的字段列表修改为房间参数列表。然后，即可将这些房间参数添加到明细表字段列表中
包含链接模型中的图元	选择包含链接中的图元

（2）"过滤器"。在"明细表属性"对话框的"过滤器"选项卡中，模型文件中的构件必须满足所有已设置的过滤条件，才可以进行数据的统计汇总。

（3）"排序/成组"（表 9-5）。在"明细表属性"对话框的"排序/成组"选项卡中，可以指定明细表中行的排序选项，还可以将页眉、页脚及空行添加到排序后的行中，也可以选择显示某个图元类型的每个实例，或将多个实例层叠在单行上。在明细表中可以按"任意字段"进行排序，但"合计"除外。

表 9-5 明细表"排序/成组"

可达成目的	操作步骤
指定排序字段	用于"排序"的字段，并选择"升序"或"降序"。如果需要，选择其他排序字段作为"否则按"
将排序参数值添加作为排序组的页眉	"页眉"：例如，已按族和类型对窗明细表进行了排序。标题可能显示为 M_Fixed：（Family）0406 X 0610（Type）
在排序组下方添加页脚信息	"页脚"：选择"页脚"时，可以选择要显示的信息。 "标题""合计"和"总数"："标题"显示页眉信息；"合计"显示组中图元的数量，"标题"和"合计"左对齐显示在组的下方；"总数"在列的下方显示其小计，小计之和即总计。具有小计的列的范例有"成本"和"合计"，可以在"格式"选项卡中对这些列进行总计。 "标题"和"总数"：显示标题和小计信息。 "合计"和"总数"：显示合计值和小计。 仅"总数"：仅显示求和的列的小计信息
在排序组间插入一空行	单击"空行"按钮
逐项列举明细表中的图元的每个实例	"逐项列举每个实例"。该选项在单独的行中显示图元的所有实例。如果清除此选项，则多个实例会根据排序参数压缩到同一行中。如果未指定排序参数，则所有实例将压缩到一行中

（4）"格式"（表 9-6）。可使用"明细表属性"对话框的"格式"选项卡来指定格式选项，如列方向和对齐、隐藏字段和条件格式。

表 9-6　格式属性说明

可达成目的	操作步骤
编辑明细表列上方显示的标题	要在"标题"文本框中显示的字段，可以编辑每个列名
只指定列标题在图纸上的方向	一个字段，然后选择一个方向选项作为"标题方向"
更改标题外观、表头、字体和网格线	打开"明细表属性"对话框中的"外观"选项卡
对齐列标题下的行中的文字	一个字段，然后从"对齐"下拉菜单中选择"对齐"选项
设置数值字段的单位和外观格式	一个字段，然后单击"字段格式"按钮，在弹出的"格式"对话框中清除"使用项目设置"并调整数值格式
显示汇总明细表中数值列的小计	一个字段，然后选择"计算总数"选项。此设置只能用于可计算总数的字段，如房间面积、成本、合计或房间周长。如果在"排序/成组"选项卡中清除了"总计"选项，则不会显示总数。 注：小计算结果仅显示在汇总明细表中。在"排序/成组"选项卡中，取消选中"逐项列举每个实例"，以查看计算结果
显示汇总明细表中数值列的最小或最大结果，或同时显示这两个结果	一个字段，然后选择"计算最小值""计算最大值"或"计算最小值和最大值"。此设置只能用于可计算总数的字段，如房间面积、成本、合计或房间周长。如果在"排序/成组"选项卡中清除了"总计"选项，则不会显示总数。 注：最小和最大计算结果仅显示在汇总明细表中。在"排序/成组"选项卡中，取消选中"逐项列举每个实例"，以查看计算结果
隐藏明细表中的某个字段	一个字段，然后选择"隐藏字段"选项。如果要按照某个字段对明细表进行排序，但又不希望在明细表中显示该字段时，该选项很有用
将字段的条件格式包含在图纸上	一个字段，然后选择"在图纸上显示条件格式"选项。格式将显示在图纸中，也可以打印出来
基于一组条件高亮显示明细表中的单元格	一个字段，然后选择"条件格式"选项。在"条件格式"对话框中调整格式参数
以对比色显示行，使宽明细表中的行更易于跟踪	"条纹行"按钮。通过再次单击"条纹行"来禁用对比行颜色。 注：仅为当前视图和当前 Revit 任务设置条纹行。条纹行不适用于配电盘明细表或图形明细表

📖 知识拓展

　　在明细表视图中，可隐藏或显示任意项。要隐藏一列，应选择该列中的一个单元格，然后单击鼠标右键。从快捷菜单中选择"隐藏列"选项。要显示所有隐藏的列，应在明细表视图中单击鼠标右键，然后在快捷菜单中选择"取消隐藏全部列"选项。

　　（5）"外观"（表 9-7）。在"明细表属性"对话框的"外观"选项卡中，可以指定各种格式选项，如网格线、轮廓和字体样式。

表 9-7　外观属性说明

可达成目的	操作步骤
在明细表行周围显示网格线	勾选"网格线"的是复选框，然后单击线型选择的下拉按钮，从下拉列表中选择网格线样式。如有需要，可以创建新的线样式
将垂直网格线延伸至页眉、页脚和分隔符	勾选"页眉/页脚/分隔符中的网格"复选框
在明细表周围显示边界	勾选"轮廓"复选框，再从列表中选择线样式。将明细表添加到图纸视图中时将显示边界。如果清除该选项，但仍选中"网格线"选项，则网格线样式被用作边界样式
在数据行前插入空行	勾选"数据前的空行"复选框。此选项会影响图纸上的明细表部分和明细表视图
显示明细表的标题、页眉	勾选"显示标题"或"显示页眉"复选框
指定标题文本、标题、正文的字体样式	从"标题文本""标题""正文"的字体样式下拉列表中选择"文字类型"。如有需要，可以创建新的文字类型
将明细表字段显示为列标题	"列页眉"。要创建不同的下划线样式，请选择"下划线"，然后从列表中选择线样式
以对比色显示行，使宽明细表中的行更易于跟踪	"条纹行"按钮。通过再次单击"条纹行"来禁用对比行颜色 注：仅为当前视图和当前 Revit 任务设置"条纹行"。条纹行不适用于配电盘明细表或图形明细表

9.2.2　BIM 白图的创建与输出

BIM 白图是指未晒成蓝图的施工图，本书"BIM 白图"为基于 BIM 模型与 BIM 制图标准制作并输出的电子图纸。

现阶段地下管线建设项目的建造，仍须依据二维设计图纸。因此，当基于 BIM 模型的深化设计完成后，就需要基于 BIM 模型进行 BIM 白图的创建与成果输出交付，本节将通过任务二操作进行介绍。

[任务二]完成地下排水专业管线 BIM 白图的创建与输出

1. 工作流程

地下排出管线 BIM 白图的导出流程：创建出图平面视图→按出图标准完善出图平面视图设置→创建项目图纸→调整、优化图纸与视口布局→设置并导出项目图纸。

2. 创建出图平面视图

在"项目浏览器"中，选择"0.00"平面视图并单击鼠标右键→在弹出的快捷菜单中选择"复制视图(V)"→选择"带细节复制(W)"→将复制的视图副本通过单击鼠标右键将其重命名为"排水平面图"，如图 9-12 所示。

3. 按出图标准完善出图平面设置

(1)隐藏非排水专业图元。通过 Revit 中"可见性/图形"工具，使该视图仅显示所需的排水专业的图元，非本专业的图元则予以隐藏。隐藏图元通常有以下两个方法：

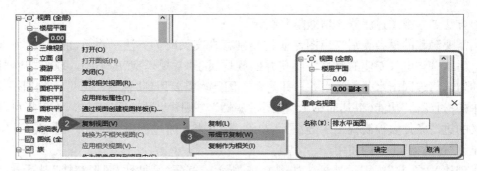

图 9-12 创建排水平面视图

1)方法一：通过取消类别显示，将与出图无关的构件类别隐藏。

如图 9-13 所示，当单击选中绘图区域中电气专业的构件时，通过"属性"面板可知，电气专业的检修井和管块的模型类别分别属于"管道附件"工具和"结构框架"工具，而排水专业的构件的模型类别不涉及此两类，因此，可在"可见性/图形"对话框中的"模型类别"选项卡中，直接取消"管道附件"和"结构框架"两个类别的勾选，将它们在"排水平面图"中隐藏，如图 9-14 所示。

图 9-13 查看构件的模型类别

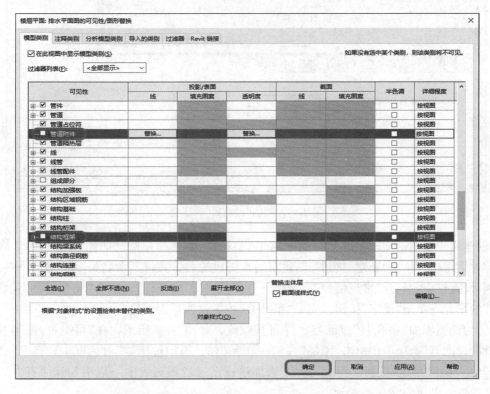

图 9-14 取消"管道附件"及"结构框架"模型类别的勾选

2)方法二：视图过滤器，精准隐藏图元。

当需要隐藏的模型类别与出图专业的类别存在交叉时，方法一将不能使用。例如，雨水井、污水井与电气专业的路灯、手孔井的族均属于"常规模型"的类别，取消"常规模型"类别的勾选将连同雨水井、污水井一并隐藏。因此，需要用到"视图""可见性/图形替换"对话框中的"过滤器"功能(将其简称为"视图过滤器")"视图""过滤器"工具，该工具可以通过自定义的过滤条件去控制视图中的图元显示。接下来，通过创建"手孔井"过滤器的实践来深入了解"过滤器"工具的使用。

①创建"手孔井"视图过滤器。如图 9-15 所示，打开"可见性/图形替换"对话框，并选择"过滤器"选项卡→单击"编辑/新建"按钮→进入基于类别的过滤器的编辑界面。

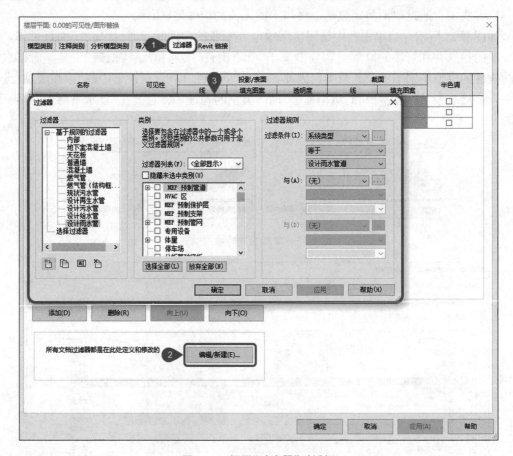

图 9-15　视图"过滤器"对话框

创建用于过滤常规模型的族类别中属于"手孔井"的过滤规则。如图 9-16 所示，在"过滤器"对话框中，单击"新建"按钮创建新的视图过滤器，并将其命名为"手孔井"→在过滤"类别"设置框中，勾选"常规模型"复选框→按编号将"过滤条件"设置为"类型名称"包含"手孔井"的图元→单击"确定"按钮，完成"手孔井"视图过滤器的创建。

②为视图添加"手孔井"过滤器，并将其隐藏。如图 9-17 所示，在"可见性/图形替换"对话框"过滤器"选项卡中单击"添加"按钮→在弹出的"添加过滤器"对话框中选择"手孔井"过滤器，单击"确定"按钮，将"手孔井"添加进视图过滤器列表中→取消勾选手孔井"可见性"复选框，即可隐藏该类图元。

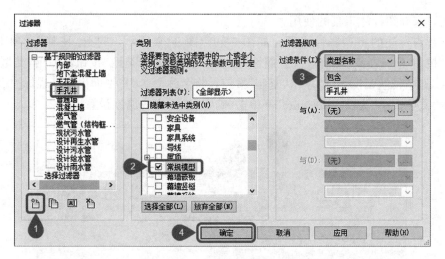

图 9-16 "手孔井"过滤器创建

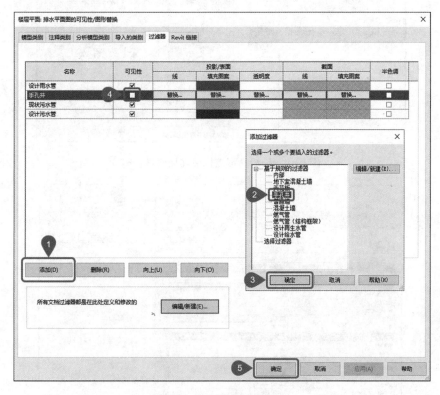

图 9-17 隐藏手孔井构件

结合使用方法一和方法二，隐藏绿灯、电缆、给水管等非排水专业的构件。

（2）设置视图比例，显示精度及样式设置。在视图显示控制栏中，将"排水平面图"的视图比例修改为"1：150"，详细程度修改为"精细"，视觉样式修改为"隐藏线"，如图 9-18 所示。

图 9-18 视图显示设置

（3）窨井及管线标注。在出图视图设置完毕后，需对视图中的构件标注出所需要的信息，如高程、尺寸、坐标等，本节将通过对窨井的坐标、高程及管线的系统、管径进行标注的实践，来介绍标注工具的使用。

1)高程点标注的类型属性设置。如图 9-19、图 9-20 所示，打开"注释"选项卡→单击"高程点"按钮 ✛ →在高程点标注的"属性"面板中单击"编辑类型"按钮，弹出"类型属性"对话框→在"类型属性"对话框中单击"复制"按钮，将名称命名为"平面出图高程标注 2"→修改该类型的"文字大小"为"5.0000 mm"→单击"确定"按钮完成属性设置。

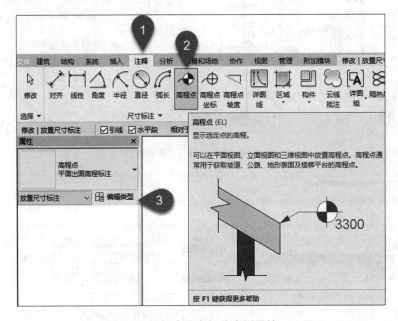

图 9-19　编辑高程点标注类型属性(一)

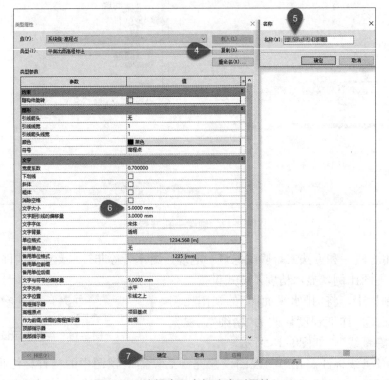

图 9-20　编辑高程点标注类型属性(二)

2)为构件添加标注。单击"注释"选项卡中"高程点"按钮 ⊕，选择案例项目构件进行标注（以窨井族为例），如图 9-21 所示。

单击"注释"选项卡中"高程点坐标"按钮 ⊕，复制一个字体大小为 5 mm 的新类型，单击所需的构件的某一端点，即可将该点的坐标注释于绘图区域中表达，如图 9-22 所示。

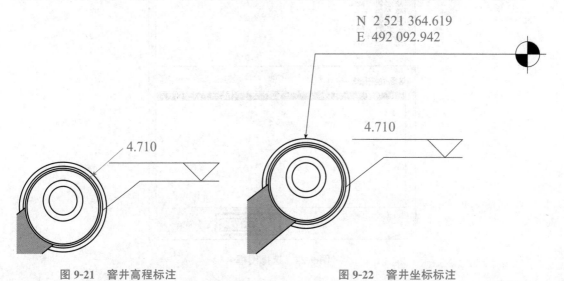

图 9-21　窨井高程标注　　　　　　　　　图 9-22　窨井坐标标注

单击"注释"选项卡中"按类别标记"按钮 ⊕，选择本书配套的管道标记族，单击所需标注的管线，如图 9-23 所示。

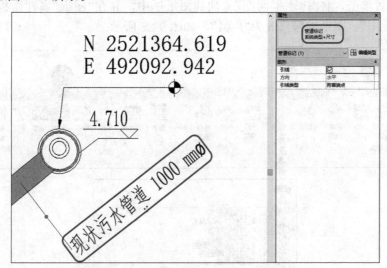

图 9-23　管线信息标注

使用本节所讲解的方法，将其余窨井及管线的信息标注完毕，并对标注进行排版优化，做到"横平竖直，无碰撞、无交叉"，即完成"排水平面图"视图的信息标注，接下来进行图纸创建及输出。

4. 图纸创建及输出

（1）在完成一个地下管线平面视图的显示设置、标注后，单击"视图"选项卡中的"图纸"按钮 ⌂，在弹出的"新建图纸"对话框中，选择"A0 公制"，单击"确定"按钮，如图 9-24 所示。

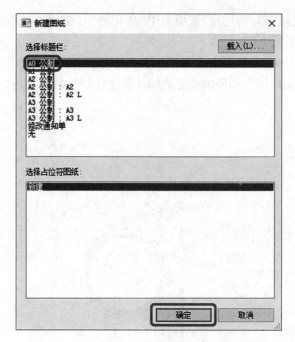

图 9-24 选择图框

（2）如图 9-25 所示，单击"视图"选项卡"图纸组合"面板中"视图"命令"📷"，在"视图"选择窗口中选择"楼层平面：排水平面图"→ 单击"在图纸中添加视图"按钮→ 在绘图区域的图框里的合适位置单击，将"排水平面图"添加到图纸框中，并在"图纸"属性面板中将图名修改为"排水平面图"、图纸编号修改为"P-01"，如图 9-26 所示。

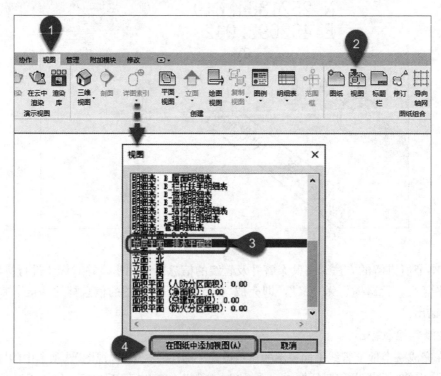

图 9-25 在图纸中添加视图

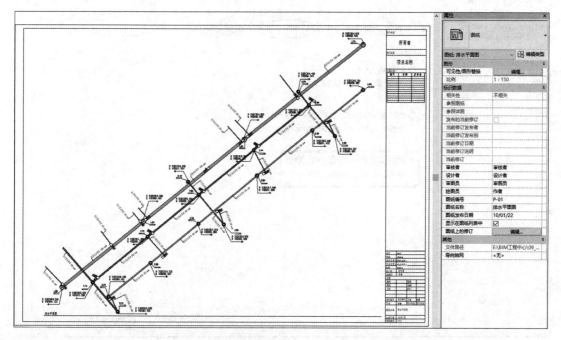

图 9-26　修改图名与图号

(3)执行"文件"→"导出"→"CAD 格式"→"DWG"命令,在弹出的"DWG 导出"对话框中单击"选择导出设置"按钮▣,如图 9-27 所示。

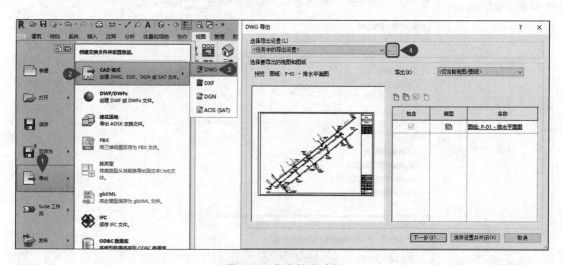

图 9-27　导出格式选择

(4)Revit 默认为"任务中的导出设置",单击"新建"按钮▣,新建名称为"平面出图导出设置"的导出设置。

(5)在"颜色"设置中,选择"视图中指定的颜色(真彩色-RGB 值)",如图 9-28 所示;在"常规"设置中,取消勾选"将图纸上的视图和链接作为外部参照导出"复选框,并将导出的文件格式修改为"AutoCAD 2010 格式",如图 9-29 所示。

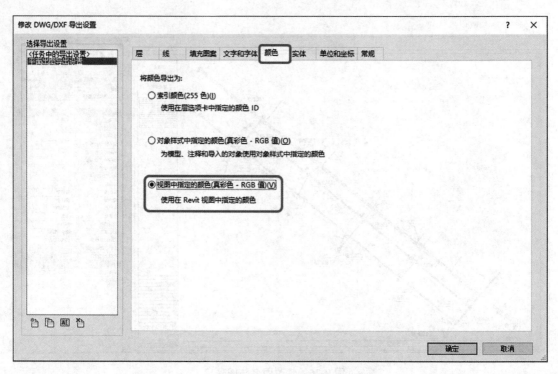

图 9-28　导出视图颜色设置

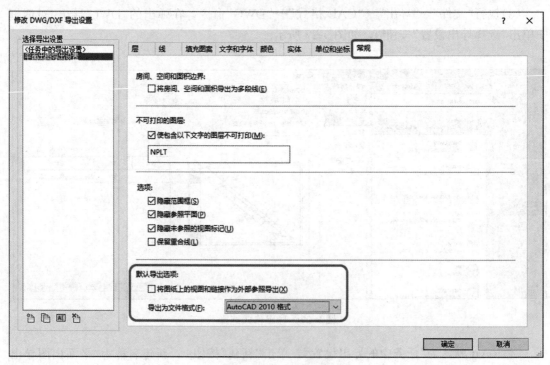

图 9-29　导出文件格式设置

　　(6)在"DWG 导出"对话框中，在右侧"导出"栏选择需要导出的视图或图纸，如图 9-30 所示。

　　(7)选择需要保存的路径及文件名，单击"确定"按钮，完成 BIM 图纸输出。

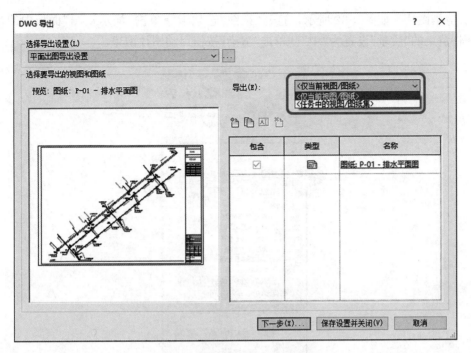

图 9-30 选择需要导出的视图或图纸

9.2.3 渲染图片及漫游视频制作

Revit 提供图片渲染及漫游动画制作功能，丰富了 BIM 模型的展示方法。本节将通过完成任务三的实践对 Revit 的 BIM 模型展示功能进行介绍。

［任务三］完成基于 BIM 模型的效果展示成果制作（包括 BIM 模型效果渲染及漫游动画的制作与输出）

1. 图片渲染保存

（1）打开"配套资料/09 模块九/实践项目_地下管线 BIM 模型（效果展示）"BIM 模型，打开"三维"视图并调整 BIM 模型至合适的展示角度，如图 9-31 所示。

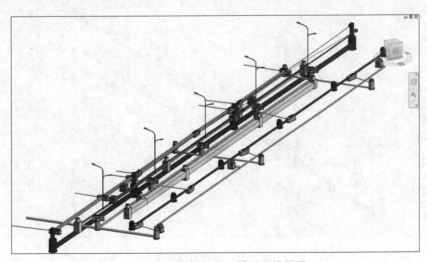

图 9-31 未渲染 BIM 模型三维视图

（2）渲染图片。如图 9-32 所示，打开"视图"选项卡→单击"演示视图"面板中的"渲染"按钮→将渲染的"质量"设置为"中"→单击"渲染"按钮启动图片渲染。

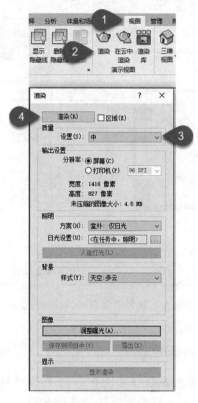

图 9-32　图片渲染设置

（3）保存渲染效果。渲染完成后，绘图区域将生成一张渲染定格的图片，图片中的 BIM 构件将以真实材质状态显示，如图 9-33 所示。

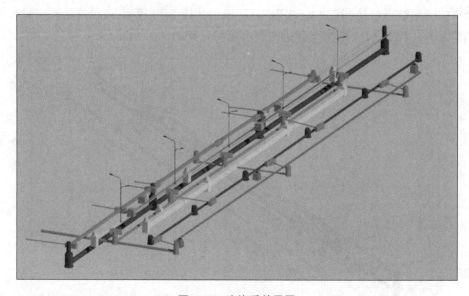

图 9-33　渲染后效果图

如图 9-34 所示，在"渲染"设置面板中单击"保存到项目中"按钮→将图片命名为"地下管线效果图"，单击"确定"按钮，将渲染图片保存到项目中。此时，在项目浏览器-视图组织下方会自动生成一个"渲染"的视图集，渲染的图片将保存于该集合中，便于作业者随时浏览查看。

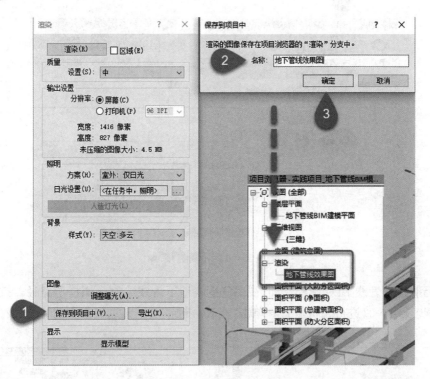

图 9-34　保存渲染效果图

2. 漫游视频制作

Revit 提供了"漫游"和"相机"功能。"漫游"的设置和"相机"的设置非常相似，因为漫游是由很多相机通过不同的路径进行浏览的结果。

（1）启用"漫游"工具。如图 9-35 所示，打开"视图"选项卡→单击"三维视图"下拉按钮（打开下拉菜单）→在下拉菜单中选择"漫游"选项。

（2）设置漫游路径。启用"漫游"工具后，须先设置一个漫游的路径，路径设置方法是在绘图区域不同位置进行单击，每次单击软件都将自动在单击位置上放置一个"相机"，并自动将所有相机串联起来形成漫游的路径。为准确设置漫游路径，通常需要切换到楼层平面进行操作。

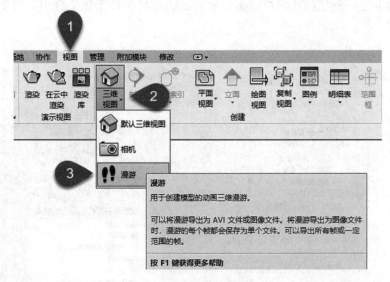

图 9-35　启动[漫游]工具

切换到"地下管线 BIM 建模平面"视图→围绕地下管线绘制一圈漫游路径，按照图 9-36 中所示的步骤①～⑫进行相机放置→单击"修改│漫游"上下文选项卡中的"完成漫游"按钮。

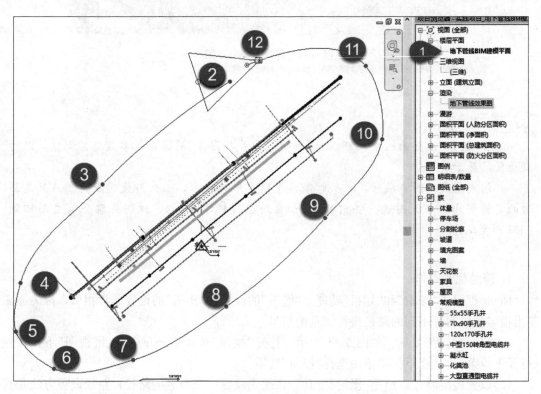

图 9-36　设置漫游路径

（3）编辑漫游。单击"修改 | 相机"上下文选项卡中的"编辑漫游"按钮，可对每个相机位置的视深、方向、高度、位置、数量进行修改。为了在相机拍摄到的范围内看到所需的管线，可对活动相机进行编辑，单击路径中视图窗口的实心原点，可以改变漫游路径视图的方向及漫游窗口的视深，如图 9-37 所示。

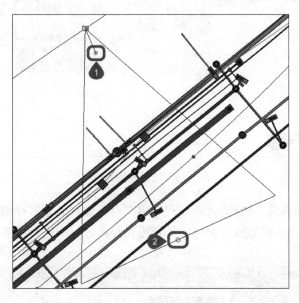

图 9-37　活动相机设置

单击"下一个关键帧"或"上一个关键帧"按钮对每个关键帧进行编辑，可调整每个关键帧上的相机拍摄视图的范围，如图 9-38 所示。

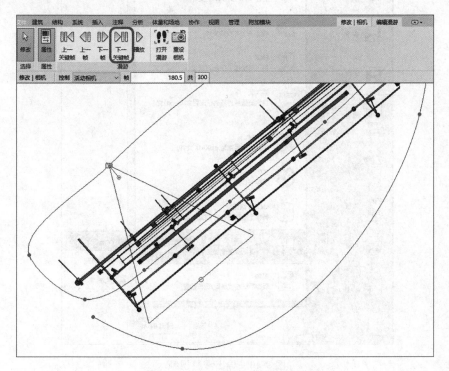

图 9-38　相机拍摄视图范围调整

相机修改完成后，在项目浏览器中进入已自动生成好的漫游视图，并对漫游进行预览，如图 9-39 所示。

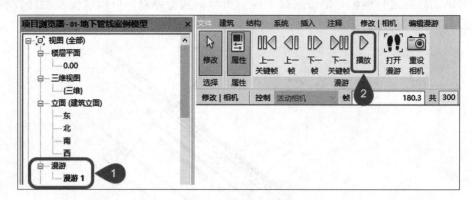

图 9-39　漫游视图预览

(4)导出漫游视频成果。执行"文件"→"导出"→"图像和动画"→"漫游"命令，如图 9-40 所示。导出的视频格式及帧数或视频尺寸等皆可在导出过程中进行设置。

图 9-40　导出漫游视频

除 Revit 软件自带的功能外，也有多种软件和插件可以基于 Revit 模型进行渲染图片或漫游视频的制作，且相对于 Revit 原生功能所输出的图片和视频有更好的视觉效果，如 Naviswork、Enscape、Fuzor 等，读者可自行进行寻找相关资料进行更深入的学习。

项目小结

地下管线 BIM 技术是建筑业数字化、信息化的重要工具，能够便捷的存储、查询管线的各种信息，满足地下管线种类、规模不断扩大的需求，而且能够对管线数据信息进行及时的动态的更新。在本项目中，在学习《地下管线 BIM 模型技术规程》(T/CAS 657—2022)成果交付标准的基础上，通过 BIM 实践项目完成了工程量清单[任务一](排水系统管道工程量)、BIM 白图[任务二](排水专业管线 BIM 白图创建与输出)、效果图渲染以及漫游视频[任务三](基于 BIM 模型的效果展示成果制作)等成果的标准化交付。BIM 技术的应用将协助地下管线项目进行精细化管理、提高工程整体交付质量和效率做出贡献。

思考与实训

一、选择题

1. Revit 中导出 CAD 图纸可对（   ）进行设置。

    A. 标高

    B. 材质

    C. 文字和字体

    D. 管线类型

2. Revit 中渲染中打印机的分辨率有（   ）种选择方式。

    A. 1

    B. 2

    C. 3

    D. 4

3. 工程量清单中，可对（   ）进行设置。（多选）

    A. 字段

    B. 过滤器

    C. 格式

    D. 以上皆可

二、简答题

在 Revit 中输出 dwg 图纸时的导出设置能否保存在模型文件中？能否单独保存成单独的格式文件，以方便其他 Revit 文件导入相同的输出设置？

三、实训题

请根据所学知识，基于实践项目的给水专业 BIM 模型，进行 BIM 应用成果的制作与交付。

(1)利用"明细表"工具，统计给水管道的工程量，明细表字段要求体现"管道系统名称""管段材质""管段长度"及"数量合计"，且"管段长度"及"数量合计"必须进行数量合计。

(2)根据相关交付标准，创建并输出给水专业 BIM 白图。

参 考 文 献

［1］ 中国标准化协会. T/CAS 657—2022 地下管线建筑信息模型（BIM）技术规程［S］. 北京：中国建筑工业出版社，2022.

［2］ 中华人民共和国住房和城乡建设部，中华人民共和国国家质量监督检验检疫总局. GB/T 51212—2016 建筑信息模型应用统一标准［S］. 北京：中国建筑工业出版社，2017.

［3］ 中华人民共和国住房和城乡建设部，国家市场监督管理总局. GB/T 51301—2018 建筑信息模型设计交付标准［S］. 北京：中国建筑工业出版社，2019.

［4］ 叶雯. 建筑信息模型［M］. 北京：高等教育出版社，2016.

［5］ 孙阳. BIM 技术概论［M］. 东营：中国石油大学出版社，2018.

［6］ 罗嘉详，宋姗，田宏钧. Dynamo 基础实战教程［M］. 上海：同济大学出版社，2017.

［7］ 赵俊岭. 市政管道系统［M］. 北京：机械工业出版社，2019.